L'OR AFRICAIN

Les « Dossiers noirs » sont issus d'une collaboration entre Oxfam France-Agir ici et Survie, qui mènent régulièrement, avec une vingtaine d'associations françaises, des campagnes pour une réforme de la politique de la France en Afrique. Oxfam France-Agir ici et Survie coorganisent régulièrement des « Sommets citoyens France-Afrique » et ont participé en 2007 à la campagne « État d'urgence planétaire. Votons pour une France solidaire », dans le cadre de laquelle a été émis un certain nombre de propositions « Pour une politique de la France en Afrique responsable et transparente ». <www.etatdurgenceplanetaire.fr>

Oxfam France-Agir ici est un réseau de citoyens spécialisé dans l'intervention auprès des décideurs politiques et économiques des pays du Nord en faveur de relations Nord/Sud plus justes. Oxfam France-Agir ici mène des campagnes d'opinion liées à l'actualité en collaboration avec d'autres associations françaises, européennes et internationales.

104, rue Oberkampf, 75011 Paris
Tél. (0)1 56 98 24 40 • Fax (0)1 56 98 24 09
Courriel <info@oxfamfrance.org>

Survie est une association de citoyens qui intervient depuis 1983 auprès des responsables politiques français pour renforcer et rendre plus efficace la lutte contre l'extrême misère dans le monde. Survie milite pour une rénovation du dispositif de coopération, un assainissement des relations franco-africaines et une opposition ferme à la banalisation des crimes contre l'humanité.

210, rue Saint-Martin, 75003 Paris
Tél. (0)1 44 61 03 25 • Fax (0)1 44 61 03 20
Courriel <contact@survie-france.org>

Les « Dossiers noirs » sont coordonnés par Marianne Faurobert

21 – *La Privatisation de la violence. Mercenaires & sociétés militaires privées au service du marché*, Agone, 2006

20 – *Le Togo, de l'esclavage au libéralisme mafieux*, Agone, 2005

19 – *Comores-Mayotte : une histoire néocoloniale*, Agone, 2004

18 – *Les Affaires sous la guerre. Armes, pétrole & argent sale en Angola*, Agone, 2003

17 – *Les Pillards de la forêt. Exploitations criminelles en Afrique*, Agone, 2002

16 – *L'Envers de la dette. Criminalité politique & économique au Congo-Brazza & en Angola*, Agone, 2002

15 – *Bolloré : monopoles, services compris*, L'Harmattan, 2000

14 – *Le Silence de la forêt. Réseaux, mafias & filière bois au Cameroun*, L'Harmattan, 2000

13 – *Projet pétrolier Tchad-Cameroun. Dés pipés sur le pipe-line*, L'Harmattan, 1999

12 – *La Sécurité au Sommet, l'insécurité à la base…* L'Harmattan, 1998

11 – *La Traite & l'esclavage négriers*, L'Harmattan, 1998

10 – *France-Sénégal. Une vitrine craquelée* L'Harmattan, 1997

9 – *France-Zaïre-Congo, 1960-1997. Échec aux mercenaires* L'Harmattan, 1997

BP 70072, F-13192 Marseille cedex 20
http://www.agone.org

ISBN : 978-2-7489-0075-0

Gilles Labarthe

avec

François-Xavier Verschave

L'Or africain

Pillages, trafics & commerce international

AGONE

Édition établie par Michel Caïetti, Gilles Le Beuze et Lucie Roignant.

Avant-propos

Ce livre s'inscrit dans le prolongement d'un travail d'investigation commencé en 2003 par François-Xavier Verschave. Son point de départ : la petite commune de Sadiola, au sud-ouest du Mali. Dans cette région du Bambouk, réputée depuis le XIIIe siècle pour ses gigantesques ressources en or, des multinationales minières anglo-saxonnes travaillent aujourd'hui avec des méthodes dignes de l'apartheid. Les cadences imposées aux ouvriers sont épuisantes. Les normes de sécurité souvent inexistantes, ou sans commune mesure avec celles en vigueur dans les pays occidentaux. Décès prématurés, fausses couches, maladies étranges dans les villages avoisinants, déversements d'arsenic et de cyanure… Les faits sont constatés sur place par Sambala Macalou, premier adjoint au maire de Sadiola, et par Camille de Vitry, documentariste marseillaise. Pour elle, la rencontre en banlieue de Paris, dans les quartiers populaires de Montreuil, avec les associations d'immigrés maliens fut un véritable choc. Car bon nombre de ces Maliens qui luttent au quotidien pour faire valoir ici leurs droits les plus élémentaires ont fui la misère qui ronge en surface la région de Kayes, une des plus riches au monde quant à son sous-sol.

Au cours de ses recherches, François-Xavier Verschave rassemble notes, documents, témoignages de ressortissants maliens. Il s'appuie sur une décennie de connaissance de la Françafrique et de ses réseaux. L'ancien président de l'association Survie a étudié en détail les escroqueries financières qui servent à capter les principales richesses du continent noir. Il commence à démontrer comment l'exfiltration bien orchestrée de l'or africain s'inscrit dans un système de prédation complexe, où se côtoient sur le terrain responsables de sociétés minières sud-africaines ou canadiennes, chefs d'État corrompus, mercenaires des pays de l'Est, services secrets français, négociants suisses de matières premières... Il veut suivre à la trace le parcours de l'or africain jusqu'en Europe, débusquer les banques, puis les paradis fiscaux qui permettent son blanchiment.

Le pillage et l'exploitation incontrôlés des richesses africaines sont souvent dénoncés par des mouvements de résistance locale. Leur voix reste malheureusement peu entendue dans les pays du Nord. François-Xavier Verschave voulait relayer leur combat, frayer un chemin. Frappé par un cancer, il disparaît en juillet 2005, laissant un livre à l'état de projet, auquel il tenait tout particulièrement. *L'Or africain* inclut des éléments de sa dernière contribution. C'est aussi l'un des rares documents dévoilant les rouages d'un commerce international occulte, parmi les plus fructueux de tous les temps.

Nos pensées et remerciements vont à François-Xavier Verschave, dénonciateur de la Françafrique ; à Camille de Vitry, toujours révoltée ; aux habitants de la région de Kayes et à ses ressortissants en France, qui ont apporté leur témoignage ; à toutes celles et ceux qui, seuls ou au sein d'organisations non gouvernementales, luttent pour une gestion plus équitable et plus écologique des ressources naturelles. Mes remerciements vont aussi à Olivier et Odile, de Survie, pour leur confiance ; à Marianne et Denis, pour leur relecture attentive et leurs suggestions ; à Isa, à mes proches, pour leur soutien.

Introduction

L'or, un minerai névralgique

L'or. « Les pays qui le produisent ne le détiennent pas. » Cette définition lapidaire introduit l'un des rares livres d'analyse publiés en français sur le commerce de l'or [1]. Pourquoi de telles inégalités dans la répartition des ressources naturelles ? Et pourquoi si peu d'études, si peu de recherches publiées sur le sujet ? Le précieux métal jaune se trouve pourtant au cœur de l'économie mondiale, depuis des millénaires. Il est symbole de richesse nationale, moyen universel d'échanges entre les pays. Sous forme de lingots, de pièces ou de bijoux, il constitue la valeur refuge par excellence de l'épargne privée, sur tous les continents. C'est enfin l'un des secteurs d'exploitation industrielle parmi les plus rentables de la planète : les multinationales d'extraction de l'or, soutenues par les grandes banques commerciales, assurent un rendement mirifique à leurs actionnaires. Elles sont prêtes à tout pour ne pas les décevoir. Qu'importe si la ruée vers l'or africain provoque guerres ou pollutions innombrables.

Le cas de Sadiola, au Mali, est exemplaire (chapitre I). Sadiola représente l'un des gisements les plus prometteurs du monde, exploité par le géant sud-africain AngloGold. 5 millions de tonnes de minerai y sont traitées chaque année dans des conditions qui défient l'imagination. Normes de sécurité, rejets toxiques, quantités réelles de métaux précieux extraites de la terre africaine… autant de données qui semblent se perdre dans les nuages de poussière soulevés quotidiennement aux alentours de la mine.

Des pays comme le Mali devaient profiter des principes de « bonne gouvernance » pour assainir leur économie. La réforme des codes miniers et la privatisation du secteur dictée au début des années 1990 par la Banque mondiale et le Fonds monétaire international (FMI) ont eu l'effet inverse : elles ont cautionné une gestion opaque des gisements aurifères. Le gouvernement malien, corrompu, n'arrive pas à obtenir des multinationales le paiement correct des taxes d'exploitation et des royalties. Les contrats miniers sont tenus secrets, l'information sur la gestion des sites d'extraction de l'or, hors de portée des fonctionnaires africains, les administrateurs locaux, écartés du monde des affaires. Malgré une montée en flèche de la production d'or – une moyenne de 50 tonnes par an, soit environ 800 millions d'euros au cours actuel – l'économie malienne sombre, criblée de dettes.

Comme ailleurs en Afrique de l'Ouest, les contrats d'exploitation ont été conclus avec des firmes étrangères sans scrupules, qui présentent dans leurs bilans annuels « leurs » mines d'or africaines comme de véritables « machines à faire du cash ». Dans le même temps, ouvriers et populations locales s'enfoncent dans la misère. La part des recettes redistribuée aux États producteurs se réduit à la portion congrue… Résultat :

pour certains pays, malgré des productions avoisinant 70 tonnes d'or par an (Ghana), le développement reste un mirage. Ils comptent aujourd'hui parmi les nations les plus pauvres du globe, tout comme d'autres États pourtant riches en or (Zimbabwe, Tanzanie, Guinée, Soudan, République centrafricaine...) mais plombés par des années de dictatures, de régimes complaisants, de déversements sauvages du cyanure utilisé pour séparer les particules d'or du précieux minerai. Bien des nations africaines auraient pu profiter de ces ressources pour asseoir les bases d'une économie stable et prospère. Mais l'or extrait de leurs terres s'est envolé.

En moins de vingt ans, la Banque mondiale, qui représente le plus gros investisseur dans l'extraction de l'or africain, a propulsé une poignée de multinationales américaines, canadiennes, anglaises, sud-africaines ou australiennes à la tête des richesses aurifères du continent noir (chapitre II). Aujourd'hui, plus de 80 % des gisements d'or africain sont entre les mains de ces compagnies privées. Ces géants de l'extraction aurifère, soutenus par les grandes banques privées occidentales comme la Royal Bank of Canada ou la Française Société générale, se refusent à toute transparence sur leurs activités réelles. Secteur économique parmi les plus rentables au monde, le commerce international de l'or reste également l'un des plus secrets : seuls quelques initiés connaissent véritablement le dessous des cartes, et la façon dont s'opère sur place le partage des richesses africaines.

On apprendra ici que la Banque mondiale prête par dizaines des millions de dollars à des firmes canadiennes dont le conseil d'administration associe hommes d'affaires poursuivis par la justice américaine et directeurs de sociétés de sécurité privées ayant versé dans le trafic d'armes ; qu'elle avance des centaines de millions à une compagnie basée à Denver, responsable de pollutions internationales, et autant à une autre, canadienne encore, dont les réseaux d'influence passent directement par la Maison-Blanche, la CIA et George Bush (chapitre III). La bataille pour l'or ne faiblit pas, même dans les régions les plus instables. Pourquoi des provinces de l'Est de la République démocratique du Congo (RDC) sont-elles depuis des décennies à feu et à sang ? Les multinationales de l'or se retrouvent parfois directement responsables du financement de mouvements rebelles, comme le signalent des rapports du Conseil de sécurité des Nations unies. Le recours à des mercenaires pour sécuriser les zones d'extraction et protéger les convois est aussi régulièrement dénoncé par des organisations non gouvernementales (ONG) de défense des droits de l'homme, comme Human Rights Watch (HRW).

L'accès aux concessions s'arrache en RDC, tandis que le trafic d'or se poursuit de plus belle. Une situation aggravée du fait de la porosité des frontières, que ce soit en Afrique centrale ou en Afrique de l'Ouest. Les syndicats de contrebande en tirent profit, de même que leurs meilleurs clients : de respectables sociétés de négoce et de raffinage occidentales, qui viennent s'approvisionner à la source, sur des comptoirs alimentés par les transactions illégales.

En pépites ou en barres, déclaré ou non, le métal jaune s'écoule hors des pays producteurs africains. Il est difficile de suivre sa trace : fournisseurs et négociants se protègent mutuellement, sous le sceau de la confidentialité dans les affaires. La discrétion sur les volumes d'exportation et d'importation nationales des principaux pays acheteurs – comme la Suisse – est de rigueur pour ces circuits commerciaux de l'or, parallèles à ceux du diamant et d'autres minerais stratégiques.

Une partie des lingots blanchis sommeille dans les sous-sols blindés d'établissements bancaires suisses, dans l'attente d'une hausse des cours. Une autre est revendue sur les places de Londres, Paris, Zurich ou Dubaï, pour satisfaire les besoins du marché arabe ou asiatique. Une autre enfin part en Italie, chez des orfèvres, avant de repartir vers l'Inde, le Maghreb et l'Amérique latine. L'or conserve un bel avenir. Son cours a dépassé aujourd'hui un de ses plus hauts niveaux depuis les années 1980 : plus de 16 000 euros le kilo. La demande est importante, comme toujours en temps de crise. Les attentats du 11 septembre 2001 auraient contribué à relancer cette fringale. La guerre en Irak également. Au-delà du Moyen-Orient en proie à l'incertitude et à la violence, la demande est garantie par les marchés indien et chinois. La bijouterie et l'horlogerie de luxe absorbent aussi une part considérable de la production.

Stratégies occultes & services secrets

Extrait de zones en conflit, « l'or du sang » transite souvent par les paradis fiscaux, comme aux Caraïbes (chapitre IV). Il atterrit aussi en Europe via les zones franches, pour éviter les taxes et les contrôles à la douane. Plus simplement, on le retrouve encore dans le sac à dos d'un contrebandier indo-pakistanais débarquant à l'aéroport de Bruxelles. L'or qui brille dans les coffres de nos banques ou dans nos bijouteries de luxe ne garde pas la trace de son parcours. Une douzaine de sociétés de raffinage européennes, reconnues par la London Bullion Market Association, le purifient jusqu'à 999,9 pour mille, masquant ses origines, comme les réalités de son trafic international.

L'or sert depuis au moins trois millénaires au financement de conflits armés en Afrique. Il est à la fois la cause et le moyen de poursuivre la domination. Sur tout l'or extrait officiellement depuis Christophe Colomb (environ 150 000 tonnes, selon les estimations), 86 % l'aurait été au cours du XXe siècle, dont plus de 60 % pour le seul continent noir, du temps des colonies, de l'apartheid et des dictatures [2].

Pour les pays occidentaux, l'essentiel reste de s'assurer leur part de la production. L'Afrique a fourni pour cette dernière décennie plus du quart de la production mondiale de l'or. Elle restera pour longtemps le théâtre de toutes les rivalités et jeux d'influence : tandis que le nombre de gros gisements a diminué, la majeure partie des nouvelles réserves a été décelée sur ce continent [3]. Les économistes annoncent ainsi un « boom minier » pour l'Afrique du XXIe siècle. La main-d'œuvre y est bon marché, les mouvements syndicaux facilement réprimés et les réglementations environnementales « moins sévères qu'ailleurs », comme s'en réjouit un ministre des Affaires étrangères britannique, désireux d'y développer le business de l'or [4].

Les pays africains sont riches en matières premières, mais pris dans le jeu de marchés captifs. Sortiront-ils un jour de la spirale des dépendances et du néocolonialisme ? Rien n'est moins sûr. Minerai névralgique pour les économies du Nord, le commerce de l'or africain intéresse depuis longtemps les services secrets étrangers, qui organisent en sous-main des coups d'États et déploient leurs stratégies occultes. Les jeunes nations africaines riches en ressources aurifères ont souvent été les premières victimes de régimes racistes et autoritaires, comme en Afrique du Sud, ou au Zaïre de Mobutu. Nous verrons comment le régime d'apartheid sud-africain a assuré sa longévité, surexploitant les ouvriers noirs dans des mines d'une profondeur infernale (plus de 3 800 mètres pour les mines de South Deep) pour ramener à la surface le précieux métal jaune. Bénéficiant de crédits gagés sur l'or (*gold swaps*), le gouvernement de Pretoria traitait directement avec les trois plus grandes institutions bancaires suisses – UBS, SBS, Crédit suisse – même durant les années d'embargo international. Cette collaboration a permis de consolider et de financer un système politico-économique basé sur le racisme et la répression militaire.

Depuis cinquante ans, l'attention s'est aussi resserrée sur les gisements africains dans un climat de guerre froide. À la fin des années 1960, la République sud-africaine produisait à elle seule « 75 % de l'or du monde non communiste [5] ». Il s'agissait de contrer l'URSS, dotée de ressources minières et aurifères considérables. Mais aussi, de poursuivre un objectif redoutable, à grands renforts de capitaux anglais, américains et suisses : associer l'exploitation de l'or à celle de l'uranium. Le métal jaune s'est ainsi retrouvé lié aux lobbies de l'industrie atomique et nucléaire, devenant partie prenante de la course aux armements. Cette politique de double extraction et d'investissements parallèles perdure. Certaines des plus grandes multinationales de l'or sont également actives dans l'extraction d'uranium, et inversement. Ce n'est pas un hasard si l'on rencontre le géant nucléaire français Areva dans la recherche et l'exploitation d'or, au Soudan ou en Côte d'Ivoire.

Avant l'exploitation à échelle industrielle, trafics, pillages et échanges avec les chefs locaux ont duré près d'un millénaire. Il y eut la grande époque des commerçants arabes, puis, la découverte de la « Côte de l'Or » par les navigateurs européens au XVe siècle. Mais la prédation de l'or africain a pris toute son ampleur dès l'époque coloniale (chapitre V). L'exploration et l'exploitation des richesses minières par les puissances occupantes est devenue systématique. Obsessionnelle, même.

Quelle est la part française du butin ? Contrairement à ce qu'affirment beaucoup d'experts, la France a bien connu sa ruée vers l'or. Comme l'Angleterre ou la Belgique, l'administration française a recruté des milliers d'Africains pour arracher chaque année des tonnes de métaux précieux dans tous les pays sous son influence. On peut véritablement parler de razzia coloniale. Faute de savoir-faire industriel, d'investissements et de compagnies minières d'envergure, c'est surtout la manne issue de l'orpaillage – dont la production officielle est difficile à estimer, et plus encore à contrôler – qui est venue remplir les caisses des partis politiques. Organisme parapublic et tête de pont des intérêts pétroliers ou nucléaires français à l'étranger, le Bureau de recherches géologiques et minières (BRGM) a quadrillé le pré carré français en Afrique, obtenant de beaux contrats et de belles concessions. Au moment des indépendances, l'ère des pépites était déjà révolue. La France n'a laissé que des poussières d'or après son passage. Elle a aussi su jouer sur les réseaux Foccart, mis en place sous le général de Gaulle, et tirer parti de « l'or des dictatures ».

L'Hexagone possède aujourd'hui le plus gros bas de laine privé de toute l'Europe. Les particuliers français détiendraient entre 3 000 et 6 000 tonnes d'or – presque autant que les réserves de la Banque de France. Les deux tiers de cet or seraient d'origine africaine. Le gouvernement français a aussi beaucoup investi dans l'exploration et l'exploitation minière via la coopération et les prêts au développement. Ce sont aujourd'hui des groupes français comme Bouygues qui en profitent, secondant les multinationales de l'or pour les services et la sous-traitance.

En Afrique et ailleurs, de nombreux mouvements citoyens s'insurgent contre la mainmise orchestrée par des capitaux occidentaux sur les richesses minières du continent noir (chapitre VI). Ils signalent aussi que la somme des dégradations écologiques et des atteintes à la santé liées à l'exploitation des mines d'or à ciel ouvert va ruiner pour des générations à venir les régions productrices. Un rapport américain avance déjà le chiffre de 54 milliards de dollars pour réparer les dégâts. Qui va payer la facture ? Les pays aurifères du Sud, qui ne voient toujours pas la couleur des bénéfices ?

Les centaines de tonnes d'or africain qui affluent chaque année en Angleterre, en Suisse, en Belgique, en France ou aux Pays-Bas posent encore un autre problème : le précieux métal est un des principaux vecteurs du blanchiment. C'est par dizaines de tonnes et en milliards de dollars annuels qu'il faut compter « l'or sale », illégalement exporté du continent noir, qui échappe aux caisses de l'État puis, en Europe, au fisc. Les bénéfices sont souvent réinjectés dans les affaires mafieuses les plus sordides. Il n'existe à l'heure actuelle aucune certification internationale d'origine, similaire à celle en vigueur pour le commerce de diamants (processus Kimberley), pour assurer le client que l'or coulé en lingots ne provient pas de régions en conflit.

Réclamer la transparence, un contrôle sur la production et le commerce international de l'or, mais aussi sur ses transactions financières, reste plus que jamais d'actualité. Depuis longtemps, la société civile africaine se mobilise pour faire entendre ses droits. Elle peut compter sur la diaspora pour relayer son combat, mais aussi sur l'action de nombreuses ONG.

I. Comment l'or ruine l'Afrique

Sadiola : cyanure, maladies & fausses couches

Paris, août 1996. La documentariste Camille de Vitry filme des sans-papiers africains réfugiés dans l'église Saint-Bernard. Ils ont entamé une grève de la faim. Ils veulent que les autorités françaises reconnaissent enfin leurs droits [1]. Camille de Vitry se souvient : « Les coups de hache dans la porte de l'église Saint-Bernard résonnent encore sur ma colonne vertébrale. De dos, debout derrière cette porte, regroupée avec les familles africaines sans-papiers, j'écoute de toutes mes forces le sermon du père Henri Coindé : "Je fais le rêve que les hommes un jour se lèveront et comprendront qu'ils sont faits pour vivre ensemble comme des frères." Martin Luther King ponctué à coups de hache et jets de gaz lacrymogènes… Un bébé près de moi gonfle et suffoque. Les gardes mobiles fracassent la porte, donnent l'assaut, arrachent le micro du prêtre, trient les Noirs des Blancs. Je fouille cette question : Qui sont ces sans-papiers ? d'où viennent-ils ? pourquoi viennent-ils ? Les nombreux médias présents dans l'église ont réussi l'exploit de couvrir le sujet pendant un mois sans jamais aborder le fond du problème. » Les immigrés… « Ici en France, au bout d'un marteau-piqueur ou dans l'arrière-salle d'un restaurant des Champs-Élysées, avec ou sans papiers, ils travaillent. Ils épargnent, cotisent, envoient l'argent au village. Ces hommes s'empilent dans les chambrées sordides des foyers pour que les générations suivantes n'aient pas à subir leur destin. » À Paris, beaucoup de ces immigrés sont des Maliens, originaires de la région de Kayes, proche de la frontière avec le Sénégal. Selon les statistiques de la chancellerie malienne à Paris, les transferts de fonds des Maliens de France à destination de leur pays atteignent 100 milliards de francs CFA de budget, soit 152 millions d'euros. Une des principales régions bénéficiaires : Kayes [2]. Pourquoi Kayes ? Cette question n'a cessé de tarauder Camille de Vitry.

Les années passent. Les questions restent. Et le Mali reste pauvre. En février 2002, Camille de Vitry décide d'aller voir sur place. Pourquoi à Sadiola, à 75 kilomètres au sud de la ville de Kayes ? « Sur un coup de tête. Pas seulement. À Paris, avant de partir, je cherchais sur Internet quelles sont les ressources de la région de Kayes. Pourquoi est-elle si pauvre ? Pourquoi ses hommes doivent-ils s'expatrier massivement ? Pourquoi se jettent-ils dans l'exode douloureux des sans-papiers ? Sur un moteur de recherche, je rentre quelques mots-clés : "Kayes" + "ressources". La gigantesque mine d'or de Sadiola explose sur l'écran de mon ordinateur. Je suis sur le site Internet d'IAMGOLD [3]. Cette société canadienne est actionnaire majoritaire à 38 %, tout comme la Sud-Africaine

AngloGold (38 % également), de la SEMOS : Société d'exploitation des mines d'or de Sadiola. La SEMOS est aussi détenue à 18 % par l'État malien. Ainsi, le Mali ne touche que le minimum légal pour livrer l'accès à ses ressources... Et la Banque mondiale, qui prétend contribuer à la lutte contre la pauvreté, s'empare des 6 % restants ! Ce sont ces 6 % qui m'ont fait aller à Sadiola. »

Sadiola est une commune composée d'une nuée de petits villages, située au sud-ouest du Mali. Sous ses terres, un gisement très profitable pour les multinationales. Il est exploité depuis 1996. Sa teneur est intéressante : plus de 3 grammes d'or par tonne de minerai brut. Le tout associé à des avantages fiscaux, aux faibles coûts de production et à une main-d'œuvre locale très bon marché. « Nos gisements sont les plus rentables du monde : 110 à 120 dollars l'once contre 200 à 230 dollars pour nos concurrents [4] », déclarait en 2002 le président Amadou Toumani Touré pour attirer encore davantage les investisseurs étrangers.

En bref : le gouvernement malien offre aux compagnies d'extraction étrangères une marge supplémentaire de 80 à 120 dollars sur chaque once d'or, tandis que la population vit pour 73 % en dessous du seuil de pauvreté, avec une espérance de vie de quarante-huit ans. En termes d'indicateur de développement humain, le Mali traîne parmi les trois pays les plus pauvres du monde [5].

Pendant plus de cinq ans, la SEMOS a poursuivi son travail d'extraction au mépris des habitants, comme le résument Camille de Vitry et François-Xavier Verschave : « Chaque année 15 millions de tonnes de minerai sont extraites à Sadiola. Les deux tiers ne présentant pas une teneur en or suffisante sont rejetés sur les côtés de la carrière. Le dernier tiers est traité au cyanure, à la chaux vive, à l'acide chlorhydrique. La protection de l'environnement contre les déchets d'exploitation est très en deçà des normes. De même pour la santé des salariés. L'exploitation génère d'importants volumes de poussières, chargées de métaux lourds, ce qui provoque des troubles respiratoires chez les villageois. D'autre part, elle pompe énormément d'eau pure pour rincer les minerais, et la restitue polluée. Contrairement aux règles de prudence les plus élémentaires, le fond du bassin de rétention des eaux, destiné à la destruction du cyanure par oxygénation, n'est pas couvert d'un revêtement imperméabilisant. [6] »

Cette absence de protection a intrigué Camille de Vitry. Elle s'est renseignée. La réponse est parvenue par courriel d'Afrique du Sud, où était reparti le premier ingénieur environnemental de la SEMOS, Gregg Oelofsoe, après sa démission en 1998 : « Le barrage de boues [*slimes dam*] n'a jamais été étanchéifié. Le barrage terminal de Sadiola *n'a pas* de revêtement, et c'est le cas le plus fréquent en Afrique. »

Aucune protection. « La norme est rappelée : les Africains ne méritent pas, en général, que l'on protège leur eau des infiltrations toxiques », s'insurge François-Xavier Verschave. En principe, les institutions financières internationales qui ont participé au financement du projet imposent un minimum de normes environnementales. De Paris, un responsable de l'association écologiste Les Amis de la Terre part pour Washington, demander des explications à Didier Fohlen, coordinateur environnemental et social à la Banque mondiale. Pour toute réponse, ce dernier « ment effrontément », rapporte Camille de Vitry, prétendant qu'à sa connaissance « il y a un revêtement étanche ». Le barrage a été fait en 1994, et il a été bien fait, selon lui. Certes, les techniques et la sécurité ont beaucoup évolué...

Rappelons que la Banque mondiale a joué un rôle-clé dans le montage financier. Didier Fohlen justifiait ainsi son engagement : « Nous sommes la seule institution financière internationale qui oblige la société dans laquelle nous investissons à rendre des comptes environnementaux. » La même Banque mondiale a aussi investi jusqu'en 2001 dans une autre mine, celle de Syama. À Syama, selon le député malien Tiemoko Dembele, « le lac artificiel déborde avec l'hivernage. Les eaux souterraines et les eaux de ruissellement sont polluées. Les populations sont en train de mourir tout doucement, de maladies non diagnostiquées. On ne sait pas si c'est dû au cyanure », utilisé massivement pour traiter le minerai. Didier Fohlen n'a pas de commentaire à faire sur le cas de Syama : « Nous ne sommes plus investisseurs. »

Pour les multinationales minières, c'est en limitant au maximum les frais d'exploitation que l'on dégage le maximum de profits. Sur place, Sambala Macalou, premier adjoint au maire de Sadiola, interpelle des responsables de la SEMOS. Le maire demande à voir les mesures de qualité de l'eau – sans pouvoir les obtenir. « Tabakoto est le village le plus proche du bassin de décantation des boues de traitement du minerai (2 km).

La SEMOS a refusé de me communiquer les résultats d'analyses mensuelles de l'eau de Tabakoto et Sekokoto », souligne Émilie Counil. Cette étudiante en DESS de santé publique a fait un stage et un rapport au sein du GRDR [7], une ONG de soutien aux travailleurs migrants originaires du Sahel. Dans la commune de Sadiola, certains marigots seraient contaminés à chaque débordement de la digue de retenue des eaux polluées par rinçage ou traitement du minerai. Le débordement de 1998 aurait été l'un des plus catastrophiques [8]. Le bassin de boues aurait aussi débordé à l'hivernage 2002.

Les témoignages sur les cas de pollution des marigots et des réserves en eau potable des villageois avoisinants se multiplient. Camille de Vitry les enregistre. À Alamoutala comme à Farabana, les habitants subissent les mêmes problèmes de contamination lors des débordements. Conséquences : de nombreuses fausses couches et décès d'enfants, dont douze en deux mois à Alamoutala. « L'eau de la mine coule sur l'eau du marigot. Elle a tué des enfants », explique le fils du chef de village de Kobokotossou. « L'eau qui coule du marigot vient de l'usine », confirme Baka Fofane, chef de village de Farabana. « Mes animaux sont tous morts. J'ai demandé une enquête, qui n'a pas eu de suites », se plaint Naremba Keita, à Kourouketo.

L'exploitation d'or à l'échelle industrielle apporte son lot de nuisances, parfois mortelles : « La poussière est omniprésente. C'est le "plat quotidien" dans les villages le long de la route Sadiola/Kayes, traversée quotidiennement par des dizaines de camions plus ou moins vétustes transportant les intrants utilisés dans l'usine, remarque Camille de Vitry. Pour Dramane Dembele, pharmacien à Sadiola, la poussière est aujourd'hui la première préoccupation. Elle génère des problèmes respiratoires, notamment chez les enfants. »

À cela s'ajoute la perte des terres cultivables et des sites d'orpaillage. « Quand la SEMOS est venue, on vivait de l'élevage, de l'agriculture, de l'orpaillage. Là où on extrayait l'or, là où on cultivait, la Société a tout pris. Plus de champs... on ne peut plus cultiver par là ! Comment allons-nous vivre ? Depuis l'arrivée du projet, soixante-deux de mes bovins ont disparu », témoigne le chef de village de Sadiola. Le site du village a été entièrement déplacé, tout comme celui de Farabakouta, pour faire place à l'exploitation minière. À Sadiola, les aïeux étaient enterrés sous le sol même de la case commune pour accompagner les vivants. « Nos ancêtres sont dans le trou, aujourd'hui. Que sont-ils devenus ? » se demande Sambala Macalou. Ils ont probablement été pulvérisés dans le bassin de boues.

L'orpaillage était la ressource d'appoint traditionnelle, « depuis les grands-pères de nos grands-pères », raconte Tamba Macalou, chef de village de Farabakouta. « Ils nous ont dégagés. Ils ont promis de la terre pour laver l'or, mais ils ne l'ont pas fait. On retournait là-bas. Ils nous en ont empêchés à cause des explosions. Ils ne nous ont pas encore dédommagés. »

Avec l'afflux d'ouvriers, la population de la commune de Sadiola (46 villages) est passée de 8 000 personnes avant l'exploitation à plus de 25 000. Cette hausse subite pose de sérieux problèmes de ravitaillement, d'alimentation, d'accès aux médicaments, de toxicomanie et d'alcoolisme, mais aussi de prostitution. Le sida et les maladies sexuellement transmissibles ont commencé à faire des ravages [9].

Des méthodes d'exploitation héritées de l'apartheid

Pour réaliser son film documentaire intitulé *Le Prix de l'or* [10], Camille de Vitry recense les cas d'ouvriers de la SEMOS devenus invalides. Voici quelques noms : Amara Dembele était employé au département géologie de la SEMOS. Il effectuait les sondages dans le trou de la mine. En 1999, il est tombé malade dans la carrière et en est resté « comme paralysé ». La SEMOS l'a pris en charge, mais n'a pas considéré qu'il s'agissait d'un accident du travail. Amara Dembele n'a touché aucun dédommagement. Il a été renvoyé peu après. Quant à Siliman Fofana, il est resté semi-paralysé du côté droit. Tous deux occupaient le même poste, section géologie. Cheik, un autre ouvrier, témoigne : « J'ai travaillé à la métallurgie et démissionné au bout d'un an car mon organisme ne supportait pas les émanations. Donc j'ai démissionné malgré ma famille. J'avais des problèmes respiratoires. J'ai quitté l'usine pour ma survie. » Soungarou Konaté travaillait au *slimes dam*. Il est devenu invalide…

La liste – trop longue pour être reproduite ici – se poursuit avec les noms d'ouvriers morts au travail comme sur un champ de bataille. « Beaucoup sont issus de l'ethnie soninké, qui fournissait autrefois ses contingents de tirailleurs sénégalais pour défendre la France », observe François-Xavier Verschave. Mahdi Sissoko travaillait à la briqueterie, façonnant les briques destinées à reconstruire les villages déplacés. Il a succombé à une maladie inconnue. Wali Macalou, qui exerçait la même activité, a souffert de maux de ventre, puis d'une paralysie du côté droit. Il est mort début 2000. « La société n'a rien payé, même pas le solde de tout compte », précise Camille de Vitry. Sadjo Fofana est décédé dans des circonstances mystérieuses alors qu'il occupait le poste de gardien du barrage…

Montreuil, en banlieue parisienne, abrite de nombreuses associations d'immigrés ouest-africains, dont des ressortissants de Sadiola. Camille de Vitry a pu recueillir encore les noms de dizaines de victimes de l'exploitation minière. À commencer par Sory Diarra, expulsé de Sadiola pour cause de syndicalisme. Il ne fait pas bon s'opposer aux intérêts de la SEMOS… ni poser trop de questions. Pourquoi les salaires, conditions de logement des ouvriers, soins, ravitaillement et même les rations de lait en poudre sont-ils différents selon la couleur de peau ? Pourquoi, s'interroge Camille de Vitry, les employés blancs sud-africains ont-ils le privilège de circuler en 4×4 et en avion, quand les ouvriers noirs doivent se contenter de vieux bus jaunes, « modèle antédiluvien de ramassage scolaire anglais recyclé en ramassage d'ouvriers pour l'usine » ?

De la gigantesque excavation aurifère de Sadiola et de son annexe de Yatela, sont extraites nuit et jour, sept jour sur sept, plus de 40 000 tonnes quotidiennes de précieux minerai. Certains observateurs se demandent si la teneur en or déclarée par les exploitants du site n'est pas inférieure à la teneur réelle. D'autres observent que « les multinationales organisent le transport irrégulier de centaines de kilos d'or via le Sénégal avec la complicité d'un ministre qui se déplace pour débloquer une situation embarrassante provoquée par un douanier trop scrupuleux [11] ».

D'anciens employés du site affirment encore que les quantités d'or réellement produites sont bien supérieures à celles affichées officiellement [12]. Au centre de traitement de la mine, l'or est pourtant pesé et contrôlé en présence de la gendarmerie et de la douane. Puis il est transporté jusqu'à un hangar, sur l'aéroport – ou plutôt l'aéropiste – de Sadiola. « C'est sous ce toit qu'a lieu aussi, chaque jeudi, la levée officielle de l'or extrait à Sadiola », relate Camille de Vitry. Là, il est chargé ostensiblement dans les soutes d'un avion de la Société de transport aérien du Mali, avant de s'envoler vers Bamako, puis Accra, au Ghana – un autre pays où AngloGold exploite de l'or. La SEMOS emploie une compagnie de sécurité privée européenne pour escorter les convois. Combien d'avions exactement transportent chaque semaine l'or vers la capitale, puis à l'étranger ? Pourquoi certains de ces avions présentent-ils de fréquentes surcharges, constatées sur place par des passagers et des employés de l'aéroport, malgré un nombre de passagers très réduit ? Des mineurs affirment que certains chargements d'or seraient détournés. De tels trafics seraient impensables sans la complicité de gendarmes, douaniers, ingénieurs au ministère des Mines. Ce genre de prédation n'est – loin s'en faut – pas une première en Afrique subsaharienne : au Congo-Brazzaville, des cargaisons entières de pétrole ne sont pas déclarées [13]...

Pour la population locale, il faut parer au plus urgent, contrer les effets de la pollution engendrée par les activités de la SEMOS. François-Xavier Verschave retrace le long chemin parcouru par ce mouvement de résistance citoyenne : « Jusqu'à fin 2002, la SEMOS se moquait carrément du monde. Le 20 mars 2003, elle répondait encore ceci à l'Association des ressortissants de la commune de Sadiola en France (ARCSF) : “Les résultats des analyses d'eau sont très techniques par nature. Jusqu'ici, SEMOS a estimé que la communauté de Sadiola n'a pas la connaissance scientifique exigée pour comprendre correctement les analyses d'eau. Par conséquent, SEMOS n'a pas jugé utile de fournir les résultats aux communautés locales. [...] SEMOS reconnaît que la communauté locale a un désir fort de comprendre les résultats des analyses d'eau. Jusqu'à présent, SEMOS n'a pas reçu d'instructions du gouvernement pour diffuser publiquement ces informations [14]”. Autrement dit, les habitants de Sadiola n'étaient pas capables de voir si les taux de produits toxiques dans l'eau étaient inférieurs ou non aux normes établies par l'OMS ! Et toute une litanie du mépris. »

Les autorités maliennes communiquent fort peu sur le secteur des mines d'or, si ce n'est pour rappeler des promesses de développement. Plus de 26 tonnes d'or produites en 2000, 51 tonnes en 2001, des prévisions avoisinant les 65 tonnes pour 2003... C'est sur l'essor remarquable du potentiel minier que mise le gouvernement de Bamako pour redresser son économie, une des plus pauvres du continent. Face au mirage d'une fortune facile, de nombreux problèmes liés à l'exploitation aurifère au niveau industriel se posent aujourd'hui. Détérioration du patrimoine national, fragilisation des sols, dispersion de cyanure, de mercure et de produits toxiques nécessaires au lavage de l'or... les sources d'inquiétude sont multiples, comme le mentionne une étude d'impact écologique menée par l'organisation de développement malienne Guamina.

À Bamako, Guamina tente depuis plusieurs années d'alerter le gouvernement sur les risques de pollution grave qu'entraîne ce genre d'exploitation à ciel ouvert. Après inspection du site de Sadiola, cette ONG a déjà pu remarquer des cas de « contamination de l'eau souterraine par le cyanure à la suite d'infiltrations », des déchets liés à des fuites d'huile et au drainage. Pour Souleymane Dembele, coordinateur général de Guamina et responsable du dossier « mines d'or », un autre risque provient des parts de plus en plus faibles que les multinationales d'exploitation opérant au Mali reversent au pays comme royalties. « Cette situation résulte de la politique d'attraction des investissements étrangers au Mali menée par le gouvernement depuis le début des années 1990 », explique-t-il.

Une politique d'ouverture qui a porté ses fruits. Aujourd'hui, des multinationales comme AngloGold (Afrique du Sud), Randgold, IAMGOLD, Nevsun Resources, African Metals Corp. (Canada) s'arrachent les concessions. Le manque de transparence concernant les contrats, le respect du code minier ou les conditions réelles d'exploitation du sous-sol malien rend difficile toute tentative de mener un travail critique d'observation du comportement social et environnemental des compagnies minières. Même la liste complète des sociétés présentes et de leur zone d'attribution n'est pas disponible. Impossible donc pour un citoyen malien de connaître les activités précises de la multinationale Axmin, dirigée par le Suisse Jean-Claude Gandur et prospectant non loin de Sadiola, à la frontière du Sénégal. Axmin a obtenu en 2003 quatre concessions d'exploitation dans la zone de Kofi, dans l'ouest du pays, avec des intérêts défiant toute concurrence.

Détour par Morila

Bamako, octobre 2003. En reportage en Afrique de l'Ouest, j'ai moi aussi envie d'en savoir plus sur l'extraction aurifère en Afrique. Je quitte la capitale pour découvrir le sud-est du Mali. Pour cinq heures de route défoncée par endroits, sous une chaleur étouffante, voici la nationale RN7, jusqu'à la hauteur de Bougouni. La bifurcation me plonge en plein cœur de la savane, zone pastorale et agricole traditionnelle. Des hameaux disséminés dans la brousse… Quelques champs de mil et de coton, de maigres troupeaux de zébus… La vie n'est pas facile pour les cultivateurs et les éleveurs de cette région semi-désertique. Le voyageur serait bien en peine de découvrir le moindre signe extérieur de richesse. De rares charrettes, parfois un camion ou un véhicule tout terrain, pointent à l'horizon, soulevant un nuage de poussière qui enfle peu à peu…

Pendant deux heures qui semblent une éternité, la voiture sillonne une piste tortueuse en direction de Morila. Un ultime virage et soudain, derrière une colline de latérite, se découpe la silhouette imposante d'un site industriel, comme surgi de nulle part dans un paysage lunaire. Dirigé par les multinationales sud-africaines AngloGold et Randgold Resources Limited, le gigantesque chantier d'exploitation à ciel ouvert du gisement de Morila a débuté en octobre 2000. Le sous-sol contiendrait en réserve environ 150 tonnes d'or, selon les estimations officielles.

On parle déjà de Morila comme d'un eldorado, une mine « de classe mondiale », figurant avec Sadiola parmi les dix premières de la planète. Les travaux d'extraction devraient durer jusqu'en 2009. Ils laisseront un cratère de plus d'un kilomètre de long sur 820 mètres de large, atteignant une profondeur de près de 200 mètres. En attendant cette échéance, l'exploitation bat son plein à l'abri des curieux. Tout le secteur est protégé par un vaste réseau de clôtures et de fils de fer barbelés. Sur la gauche, des remblais grisâtres, aussi élevés que des murailles. Au centre, un bâtiment administratif entouré par un ensemble de grues et de machineries complexes. On aperçoit aussi, de loin, le bout d'une piste d'atterrissage.

500 mètres plus en avant sur la droite, le point d'entrée du site industriel, marqué par de nombreux messages d'alerte. « Armes et caméras interdites », rappellent des panneaux géants. Une douzaine de poids lourds sont garés en rang d'oignons sur l'aire de dégagement. L'accès est barré par de lourdes grilles métalliques, flanquées d'une guérite. Un sas dissuasif. Des gardes armés filtrent les arrivants et fouillent quotidiennement les affaires personnelles des employés. Malgré une recommandation du ministère du Tourisme, impossible de jeter un coup d'œil – même dûment escortés – sur la zone d'exploitation. J'essaie de discuter avec différents gardiens de l'accueil. Je réitère la demande à un responsable… En vain. Après de longues minutes de palabres, on veut bien montrer sur papier un plan général des lieux, mais pas davantage. « Le mieux serait que vous retourniez à Bamako pour vous inscrire à une visite organisée », me conseille un gardien, sourire aux lèvres. À la sortie, mon regard se fixe sur un large écran à diodes lumineuses rouges surplombant l'entrée. En grandes lettres, défilent les chiffres de production du jour, en alternance avec des slogans incitant les ouvriers à se plier aux règles de travail en vigueur. « Tolérance zéro du non-respect »… Le rappel clignote encore, tandis que je rebrousse chemin.

Le site de Morila est connu partout à la ronde pour imposer à ses ouvriers des cadences infernales. Les dirigeants de l'exploitation se montrent très stricts dans la gestion de leur entreprise. Ils ne sont certes pas aussi méthodiques lorsqu'il s'agit du respect de l'environnement et des populations locales. À un jet de pierre du site industriel, le village traditionnel de Morila observe en silence l'extraction de l'or malien. Assis à l'ombre devant son école et tout en corrigeant les cahiers de ses élèves, un jeune instituteur veut bien me dresser le bilan mitigé de cette étrange coexistence.

Sur les centaines d'employés du site industriel, les deux tiers travaillent pour AngloGold et Randgold, un tiers (environs 600 employés, dont 530 ouvriers) pour la Somadex (Société malienne d'exploitation, filiale du groupe Bouygues spécialisée dans l'extraction), auxquels il faut encore ajouter les effectifs de MDM (Metallurgical Design and Management, contractant pour les installations), Shell, etc. L'industrie minière a généré des emplois dans la région, principalement pour les hommes de dix-huit à vingt ans : « Chaque village a son quota. Ici c'est dix, là trente ou cinquante… De nombreux jeunes hommes des villages voisins de Sanso, Domba et Fingula sont aujourd'hui employés à la mine. Ils gagnent plus de francs CFA que ce qu'on aurait pu imaginer posséder. Ils ont acheté des mobylettes ou des toits en tôle ondulée pour leur maison, ce qu'on n'avait jamais vu ici auparavant. Depuis deux ans, la direction d'AngloGold a installé un réseau pour électrifier certains villages, favorisé l'adduction d'eau, creusé des puits, fait construire de nouvelles écoles… »

La participation à la construction d'infrastructures routières, sanitaires et scolaires pour les villages avoisinants faisait partie des clauses figurant sur le contrat d'exploitation signé avec le gouvernement malien. Tous les engagements n'ont pas été tenus. « Nous attendons toujours la réfection de la route, qu'ils ont promise depuis leur arrivée. Le passage des camions soulève une poussière incroyable. » Les problèmes respiratoires se multiplient en conséquence. Dans les environs de la mine industrielle, les éleveurs apprennent aussi à se méfier du « gaz qui tue. Le cyanure, ça tue directement. L'an passé, il y a eu un écoulement. Une demi-douzaine de bœufs sont morts ». Trois ans après le début des extractions, l'étude officielle d'impact environnemental qui devait être menée par le gouvernement n'est toujours pas à l'ordre du jour.

AngloGold & Randgold : bénéfices compris

D'autres sources de tensions sont apparues. Autrefois, la région vivait en partie de l'orpaillage traditionnel. Cette pratique est très répandue au Mali, qui compte encore quelque 20 000 orpailleurs. Les plus chanceux tirent de leur activité une petite fortune. Le dernier gisement découvert dans le périmètre ne profitera pas aux habitants de Morila. « Le chef du village en a récemment interdit l'exploitation, de peur de mettre en cause la mine mère dont les installations sont à seulement un kilomètre », explique l'instituteur. À coup de pressions politiques et économiques, les dirigeants d'AngloGold et de Randgold ont fait comprendre aux autorités maliennes qu'ils entendaient extraire l'or africain suivant leurs propres règles, et s'accorder quelques prérogatives.

La course au profit était déjà perceptible le jour de l'inauguration en grande pompe de la mine industrielle, en février 2001, au fil de discours officiels marqués par une belle polyphonie. Le président malien de l'époque, Alpha Konaré, s'était déplacé en personne pour ouvrir les festivités. Il eut ces mots : « Cette mine ne laissera pas juste un grand trou dans la terre, elle apportera aussi le développement. Cette mine nous aidera à construire plus d'écoles. Elle nous aidera à combattre la malaria et le sida. Elle nous aidera à construire des routes [15]. » Mark Bristow, géologue et directeur de Randgold, rappela quant à lui son premier souvenir de Morila : « Quand je suis venu pour la première fois en 1996, c'était une tranquille zone agricole, qui n'avait pas encore été touchée par le monde moderne [...] notre confiance [dans ce projet] a été plus que justifiée par les performances de Morila et par les retours sonnants et trébuchants qu'elle rapporte déjà sur notre investissement [16]. » Bobby Godsell, directeur d'AngloGold, partagea son enthousiasme : « Morila a connu des débuts étonnants. Elle produit de l'or pour moins cher que dans n'importe laquelle de nos 23 exploitations dans le monde entier [17]. » Un spécialiste du secteur minier ajouta : « Il y a beaucoup d'or et près de la surface, la période de retour sur investissement est donc très rapide. Morila est une machine à faire du cash [18]. »

Avec une participation à hauteur de 20 % de l'État du Mali dans le capital de la nouvelle société Morila SA, aux côtés des compagnies Randgold et AngloGold (détenant 40 % chacune), le gouvernement de Bamako devait tirer des bénéfices appréciables sous forme de taxes. Cet argent servirait en priorité à combattre la pauvreté et le chômage des populations riveraines, précisait Alpha Konaré. La Direction nationale de la géologie et des mines avait même dressé avec une précision remarquable les prévisions de production du site minier pour les cinq années à venir : 9,509 tonnes en 2001 ; 7,614 en 2002 ; 8,035 en 2003... Les réserves exploitables en surface s'amenuisant ensuite, pour se limiter à 6,221 tonnes en 2004 et 5,54 tonnes en 2005. Dans les faits, les opérateurs sud-africains ont appliqué une tout autre méthode, inspirée de la course contre la montre : les « informations sectorielles » du ministère français de l'Économie, des Finances et de l'Industrie font état de 19,647 tonnes extraites en 2001, puis 31,746 en 2002 et 24,696 en 2003.

Pourquoi une telle précipitation ? Marijke Vanderschelden, du Centre national de la coopération et du développement belge, propose une analyse intéressante : « Au terme de la convention avec l'État malien, l'exploitation doit s'étendre sur onze ans à raison de 11 tonnes par an. C'est en fonction de ce rythme d'exploitation que l'État a exonéré Morila SA de tous les impôts et taxes pendant les trois premières années de production (article 22-2). La convention aussitôt signée, le calcul de Morila SA a consisté, pendant les trois premières années de production, à exploiter et extraire le maximum d'or. » Sur cette seule période, les opérateurs Randgold et AngloGold ont en effet hissé la production à presque 80 tonnes d'or pour une valeur de 500 milliards de francs CFA (762 millions d'euros) au lieu des 33 tonnes prévues. Environ les deux tiers des réserves de la mine ont été extraits.

Si les exploitants parviennent à maintenir la cadence, ils ne payeront l'impôt à l'État malien que sur deux ans, au lieu de huit. « Ce que Morila SA feint d'ignorer avec le soutien des plus hautes autorités, c'est que cette surproduction intense lui évitera de payer beaucoup plus d'impôts au Mali. La convention collective a pourtant prévu qu'en cas de dépassement de la production sur les prévisions fixées, la société est contrainte de payer aux travailleurs un pourcentage sur le taux de dépassement. C'est la prime de rendement que Morila SA refuse aujourd'hui de payer. » Les sommes en jeu sont considérables : « L'excédent produit pour fuir le paiement de l'impôt est de 50 tonnes, soit une valeur de 300 milliards de francs CFA [457 millions d'euros]. »

Confrontés dès 2005 à un mouvement de protestation sociale débouchant sur plusieurs grèves des mineurs, les dirigeants des firmes sud-africaines et leurs sous-traitants vont durement réprimer les formations syndicales, tout en renforçant leur système de prédation.

II. Multinationales de l'or

Les projets en or de la Banque mondiale

Paris, 66 avenue d'Iéna, tout près des Champs-Élysées. Une Renault 11 immatriculée 9822 XW 91 explose devant les locaux de la Banque mondiale et du Fonds monétaire international. L'attentat vise les institutions financières à la solde des capitalistes. Il est signé Action directe. C'était le 27 avril 1985. Une génération plus tard, le siège français des deux agences rattachées aux Nations unies ressemble à une forteresse silencieuse. Rien, aucune inscription ne signale ses locaux sur le long immeuble en béton gris, flanqué de caméras de surveillance. Devant tout le bâtiment, la rue est protégée par des barrières, sous prétexte de travaux d'aménagement de la chaussée qui s'éternisent. L'installation – parfois renforcée par la présence de fourgons de CRS – permet de tenir à distance d'éventuels manifestants, nous avouera plus tard au téléphone un porte-parole de la Banque mondiale, qui se souvient encore de l'attentat. L'institution financière a par ailleurs pris des mesures pour décourager les chercheurs ou journalistes d'investigation. Vous intéressez-vous aux projets, contributions et financements de la Banque mondiale pour l'exploitation des mines d'or en Afrique de l'Ouest, qui figure depuis une dizaine d'années parmi les secteurs les plus rentables pour les grands trusts anglo-saxons ? « Non, nous n'avons plus de centre de documentation. Il est fermé. » C'est ce que nous répond un vigile méfiant, qui filtre les entrées. Pourtant, le centre de documentation de la Banque mondiale, qui rassemble des centaines de publications volumineuses sur les activités et projets de l'institution, est bien là : au rez-de-chaussée, au fond du couloir, à gauche. Il était accessible sur demande, il y a seulement deux ans. Vous l'apercevrez encore en jetant un coup d'œil à travers la onzième étroite vitre fumée de l'immeuble, en remontant vers la station de métro Charles-de-Gaulle-Étoile.

Malgré des tentatives répétées, les requêtes concernant la politique de financement de la fameuse division Oil, Gas, Mining de la Banque mondiale [1] restent lettre morte, à Paris comme à Washington. « Manque de transparence, manque d'informations, manque de concertation » : c'est aussi le constat de l'Organisation de la société civile africaine, une coalition de vingt-neuf ONG représentant quinze pays, travaillant dans le secteur de l'extraction minière ou concernées par ses répercussions. La coalition dénonce une institution soumise aux intérêts des multinationales [2].

Sur quoi travaille cette division Oil, Gas, Mining ? Sur des projets de développement dans les pays du Sud et de l'Est. Tous concernent l'exploration stratégique et l'extraction de pétrole, de gaz ou de métaux précieux. L'or, entre autres. Un des derniers projets en date : la Société de finance internationale (SFI, le bras armé de la Banque mondiale, qui assure des financements au secteur privé) a accordé en juillet 2006 un prêt de 125 millions de dollars à la firme américaine Newmont Mining Corporation, pour commencer au deuxième semestre 2006 l'extraction aurifère sur un gisement situé à 300 kilomètres au nord-ouest d'Accra, au Ghana. C'est le projet Ahafo [3].

Le communiqué ne précise pas que la multinationale Newmont Mining, second plus grand producteur d'or de la planète (9 % de l'extraction mondiale) a été dénoncée sur place en décembre 2005 par l'Association wassa des communautés affectées par les mines (WACAM) pour avoir pollué des rivières avoisinantes et intoxiqué la population locale. Ni que la compagnie minière s'est offert sur place une campagne médiatique flatteuse en versant 30 millions de cedis ghanéens (environ 3 300 dollars) à *Junior Graphic*, publication régionale destinées aux jeunes [4]. La manœuvre a été signalée par l'Institut ghanéen du journalisme. Ni que le projet, très contesté au pays, occasionnera à terme le déplacement de 20 000 habitants…

La SFI a-t-elle retenu des critères d'impacts sociaux et environnementaux avant de soutenir ce fameux projet, qui porte le numéro 23 338 ? Oui, selon la fiche descriptive de l'institution financière, qui le classe même en « catégorie A » sous cette rubrique. Non, affirment des ONG internationales de défense de la nature et des droits de l'homme, qui rappellent que Newmont Mining n'en est plus à une pollution près [5]. La firme est en effet impliquée dans de nombreux scandales financiers et écologiques sur cinq continents [voir encadré ci-après].

Newmont Mining, promesses d'avenir pour le Ghana

En avril 2005, des représentants de communautés du Pérou, du Ghana et d'Indonésie victimes des pollutions de Newmont se sont rendus au siège du géant minier à Denver, pour faire entendre leur voix. Ils ont exigé avec un collectif d'ONG [6] que Newmont cesse d'empoisonner l'eau potable aux alentours de ses opérations minières. Le message a été adressé directement au PDG de Newmont, Wayne Murdy, pendant l'assemblée des actionnaires de la société. Ce ne fut pas facile : entre Denver et Englewood (Colorado), Newmont a déplacé deux fois ses lieux de réunion pour tenter d'échapper aux manifestants et à la délégation des pays du Sud [7]. Cette dernière a pu finalement demander à la société américaine une réforme de ses pratiques. « Un an plus tard, les critiques sur la manière dont la compagnie mène son business sont restées les mêmes, ou ont augmenté. Un rapport souligne le manque de réponses et le désengagement de Newmont envers les communautés concernées au Ghana, en Indonésie, au Pérou, en Roumanie et au Nevada », rappelle la campagne internationale No Dirty Gold [8].

La filiale Newmont Indonesia a eu des démêlés judiciaires avec les autorités de Jakarta pour refoulements massifs de déchets toxiques : 4 millions de tonnes de résidus miniers provenant de la mine d'or de Minahasa (Sulawesi) et contenant des métaux lourds, dont du mercure, ont été rejetés dans la mer. À l'ordre du jour : une amende de 30 millions de dollars. Le ministère de l'Environnement indonésien a ordonné une enquête sur la pollution résiduelle autour de la mine exploitée par Newmont dans le secteur de la baie de Buyat. L'eau potable locale contenait des produits hautement toxiques en quantité supérieure à la norme : jusqu'à trois fois la quantité légale de mercure et d'arsenic. Les problèmes de santé comme les maladies de peau, les tumeurs et les malformations de naissance sont devenus de

plus en plus fréquents. En août 2004, 23 personnes ont été hospitalisées et ont dû subir des actes chirurgicaux.
Au Pérou, c'est une pollution au mercure, survenue en 2000 et affectant aujourd'hui encore les habitants de la ville de Choropampa, qui est pointée du doigt. 400 personnes ont été hospitalisées à cause du produit toxique utilisé pour l'extraction et déversé dans l'environnement. La société Newmont a refusé les demandes locales d'une étude d'impact de santé indépendante. Elle a aussi fermé à La Apalina un canal d'irrigation crucial pour la survie des fermiers locaux, a rappelé le père Marco Arana, de l'organisation péruvienne Grufides.
Sous d'autres latitudes, une autre filiale de Newmont a été mise en faillite en 2006 en Ouzbékistan pour arriérés dans le paiement des impôts : son ardoise s'élève à 45 millions de dollars [9].
Enfin, les opérations de Newmont menées à Ahafo durant la construction du site ont déjà eu des impacts négatifs sur la disponibilité de l'eau dans le secteur. « La construction d'un barrage sur la rivière Subri a privé de nombreuses communautés de l'accès à l'eau potable. Le barrage a laissé la rivière Subri presque morte. Les rejets d'assainissement dans la rivière Asuopre l'ont rendue dangereuse pour les communautés », explique en substance Daniel Owusu-Koranteng, de WACAM au Ghana.
Aux États-Unis, les ONG ont achevé leur visite sur un constat amer : « Newmont a refusé les plaintes des résidants des pays des cas mentionnés ci-dessus, comme celles d'autres pays. Les exigences d'enquête indépendante ont été ignorées et les promesses faites lors de l'assemblée des actionnaires sont restées sans effet. L'entreprise répond simplement par des communiqués de presse pour expliquer comment ses opérations minières sont censément respectueuses de l'environnement. »
La question se pose de savoir comment une société telle que Newmont peut être assignée devant les tribunaux aux États-Unis pour des crimes commis dans une autre partie du monde. C'est ce que revendique Paul de Clerck, de l'ONG

> Les Amis de la Terre international. En attendant, la filiale Newmont Ghana peaufine ses outils de communication. Elle dispose désormais d'une radio (Radio Newmont Ghana) pour diffuser ses bonnes nouvelles sur les ondes. Ses engagements environnementaux sont affichés sur son site Internet, tout comme l'émouvant témoignage de Barima Twereku Ampem III [10]. Ce chef Ntotoroso, arborant un splendide collier en or et un bel embonpoint, nous l'affirme : « Avant Newmont, la vie des populations aux alentours de là où Newmont travaille n'était pas aussi bonne qu'aujourd'hui. Le mode de vie des gens a changé pour le meilleur. »
> Il est toujours utile d'avoir un chef tribal à ses côtés. Sous la période coloniale, ce sont eux que les compagnies minières occidentales soudoyaient afin d'obtenir « contre des royalties ou des paiements informels » le droit d'exploiter les terres sous leur contrôle, rappelle un rapport des Nations unies [11].

La SFI ne s'embarrasse ni de la pollution mortelle engendrée par les mines à ciel ouvert ni des casseroles que traînent les géants de l'industrie minière, avant d'avaliser et de soutenir financièrement un nouveau projet. Qu'est-ce qui guide alors la politique de prêt de la SFI ? Le développement ? Non : le sens des affaires, conclut une étude réalisée en avril 2003 par Scott Pegg, du département des sciences politiques à l'université de Purdue (Indianapolis), et financée entre autres par Oxfam-America. Depuis des décennies, le canevas est toujours le même : la SFI soutient des géants miniers américains, sud-africains, canadiens ou australiens, ignorant les impacts environnementaux et la surexploitation des mineurs africains [12]. Tout cela représente un bon placement, et garantit surtout un bon retour sur investissement : 122 %, selon les chiffres de l'institution financière [13]. Entre 1984 et 1994, l'investissement de la SFI dans les mines africaines a eu des retours bien plus élevés que partout ailleurs [14]. En 1997, la SFI avait déjà investi dans les mines de 33 pays d'Afrique [15].

« Le soutien de la SFI pour les industries extractives en Afrique est devenu de plus en plus important pour attirer l'investissement direct étranger. De 1999 à 2001, 40 % des approbations d'investissement de la SFI pour les industries extractives sont allées en Afrique, le pourcentage le plus haut pour n'importe quelle région », souligne encore Scott Pegg. Pour accélérer les affaires en or de la Banque mondiale sur le continent noir, la SFI prévoit d'ailleurs d'augmenter la cadence des prêts sur ces prochaines années. Ceci, alors même qu'une coalition de huit ONG vient de publier pour son 50e anniversaire un rapport accablant soulignant les effets néfastes de cette politique d'extraction tous azimuts [16]. Les ONG lancent à la Banque mondiale le défi de prouver que ces investissements miniers ont bien servi à réduire la pauvreté, comme elle s'y engage haut et fort.

À Washington, Hannfried von Hindenburg, chargé de communication pour la division Oil, Gas, Mining, minimise la portée stratégique de ces financements. Mais il n'expliquera pas pourquoi la SFI mise presque 8 % de son pactole (un budget de 3 à 12 milliards de dollars, selon les sources et les années) sur une poignée de multinationales d'extraction aussi sulfureuses que les canadiennes IAMGOLD (dirigée par William Pugliese, avec parmi ses premiers associés Mark Nathanson, ancien marchand d'armes pour le Nigeria) ou Barrick Gold

Corporation (connue pour son mépris des travailleurs en Tanzanie), les propulsant à la tête des richesses naturelles du continent noir.

La ruée sur l'or ouest-africain

D'où provient cet appui des institutions financières internationales à une poignée de multinationales anglo-saxonnes exploitant l'or en Afrique de l'Ouest ? Il faut revenir au début des années 1990, lorsque la Banque mondiale réussit à imposer aux gouvernements de la région des réformes du code minier, dans le cadre de ses tristement célèbres programmes d'ajustement structurel. Facilités d'investissement, avantages fiscaux, exonération de taxes sur les premières années d'exploitation, rapatriement de capitaux… Tout est prêt sur le continent pour les géants de l'extraction, qui cherchent un nouvel eldorado depuis l'épuisement des mines d'or sud-africaines.

Cette période coïncide avec l'accession de Nelson Mandela à la tête du gouvernement de Pretoria, en avril 1994. L'industrie minière sud-africaine peut se féliciter. « Avec le changement de régime, l'accès à des gisements hors des frontières devient plus facile […] Direction l'Afrique de l'Ouest. Les pays de la région ont profondément évolué. Ils sont désormais prêts à faciliter l'accès à leurs richesses minérales pour asseoir leur croissance [17]. » En réalité, le leader mondial du secteur de l'or, AngloGold (filiale d'Anglo-American Corporation, de la famille

Oppenheimer), est déjà présent sur les lieux depuis 1992, à la recherche de gisements aurifères rentables [18]. AngloGold s'intéresse au site de Sadiola, au Mali. La compagnie est prête à y investir 210 millions de dollars, mais cherche d'autres appuis financiers. Elle obtiendra des prêts de la Banque mondiale, mais aussi de banques commerciales, de banques européennes… Et même de la coopération française au développement (voir chapitre V).

En 1994, AngloGold entreprend également des travaux de prospection au Burkina Faso, en Guinée et au Sénégal. D'autres sociétés minières, plus modestes, jouent le rôle de poissons-pilotes [19]. Randgold, ancien fleuron de l'industrie minière sud-africaine (Rand Mines était dans les années 1950 la plus importante compagnie minière au monde), est aussi présente sur les lieux depuis 1992, année où elle a ouvert un premier bureau à Ouagadougou. Pour déterminer les zones prioritaires, la société utilise les données du Bureau de recherches géologiques et minières (le BRGM français). Elle possède déjà des droits de prospection et d'exploitation sur un domaine de 17 500 kilomètres carrés, réparti sur les territoires du Burkina Faso, du Mali, de la Côte d'Ivoire, du Sénégal, ainsi que de la Tanzanie et du Gabon… Randgold est vite responsable de la gestion catastrophique et polluante de la mine de Syama, au Mali, ce qui lui vaudra le désengagement de la Banque mondiale – qui continuera toutefois d'épauler la société minière sur d'autres exploitations.

Il faut ajouter que la situation politique et les conditions de sécurité en Afrique de l'Ouest sont globalement devenues plus stables après le vent de démocratisation qui a soufflé en 1990-1991. Les compagnies minières nord-américaines sont très présentes, la France perdant progressivement de son influence sur son ancien pré carré. Et surtout, le marché mondial de l'or est redevenu propice : le cours du métal jaune vient de remonter.

« Après une période de baisse, l'or a retrouvé en 1993 une partie de son éclat. Pour la première fois depuis la guerre du Golfe, il a passé au printemps la barre des 400 dollars [l'once], et les actions de mines d'or ont figuré au nombre des meilleurs placements de l'année », écrit une consultante du Crédit suisse. Cet établissement bancaire d'envergure internationale peut revendiquer une longue expérience en matière d'investissements dans les mines d'or : le Crédit suisse a soutenu pendant des décennies le régime d'apartheid sud-africain, contre l'assurance d'une livraison régulière d'or en barres par le gouvernement de Pretoria. La grande banque suisse détient aujourd'hui encore des participations dans les plus importantes compagnies minières du secteur. Le placement est des plus profitables : les actions « ont opéré un véritable décollage à la verticale, l'indice correspondant du *Financial Times* ayant progressé d'environ 300 % depuis fin 1992 » [20].

Tout converge. Il ne reste plus aux multinationales minières qu'à déclarer « leur » découverte de « nouveaux gisements aurifères » dans la région, alors que la présence d'or y est attestée depuis huit siècles (voir chapitre V). La participation financière de la SFI est-elle alors engagée pour le développement des populations locales et l'éradication de la pauvreté, comme le veut le slogan de la Banque mondiale ? Ou est-elle destinée à donner un coup de pouce supplémentaire aux principaux actionnaires des géants de l'extraction, dont les grandes banques transnationales ?

On peut aussi penser qu'elle encourage les compagnies minières nord-américaines à poursuivre ailleurs leurs nouvelles techniques d'extraction polluantes [21]. En 1993, Jed Greer, chercheur à New York pour Greenpeace International, prévenait déjà que cette nouvelle ruée vers l'or « implique des techniques d'extraction, de traitement et de stockage de déchets – certaines traditionnelles, d'autres innovantes – qui laisseront pour longtemps leur marque profondément destructrice. L'utilisation irresponsable de mercure et de cyanure, le déversement de produits toxiques directement dans les cours d'eau ou dans les mers, et la prolifération de mines à ciel ouvert provoqueront une dégradation de l'environnement sur le long terme », avec tous les dangers que cela représente pour la santé des populations avoisinantes [22]. La toxicité du mercure pour les organismes vivants est reconnue depuis des siècles. Le recours au mercure pour séparer par procédé d'amalgame les particules d'or des sédiments rocheux est cependant toujours d'actualité dans des exploitations de petite et moyenne envergure.

La hausse du cours de l'or a incité les grandes compagnies minières à prospecter et à produire toujours plus. Une technique bon marché de traitement du minerai, à base de cyanure, s'est vite imposée. Cette technique « améliorée » serait « le fruit de recherches menées par le Bureau des mines des États-Unis au début des années 1970. Elle a permis aux compagnies d'extraire et de traiter le minerai même avec des teneurs en or bien inférieures à celles en vigueur avec les méthodes traditionnelles », souligne Jed Greer. Grâce à l'utilisation du cyanure, les multinationales minières nord-américaines ont pu les premières améliorer leurs marges de profit – tout en polluant davantage.

Le traitement du minerai au cyanure est « souvent associé à une autre technique peu onéreuse : l'exploitation minière à ciel ouvert », note encore Jed Greer. « Les mines à ciel ouvert sont cinquante fois plus dommageables pour la planète que des exploitations souterraines qui produiraient la même quantité d'or. »

Ce type d'exploitation ravageur a d'abord fait des émules au Canada et aux États-Unis. Le cyanure explique en grande partie que les États-Unis aient affiché une production d'or presque dix fois supérieure entre 1980 et 1990, passant de 31 à 295 tonnes. La contamination qui s'en est aussitôt suivie dans les États du Nevada, du Dakota, de Californie, du Montana et de Caroline du Sud a vite alerté les autorités à Washington. Elles ont renforcé les mesures de contrôle [23]. Plutôt que de changer de méthode d'extraction pour se conformer aux normes environnementales nord-américaines, les compagnies anglo-saxonnes se sont alors tournées vers des contrées où les réglementations sont moins contraignantes : l'Amérique latine et, surtout, l'Afrique. Jed Greer dénonce la règle du « double standard » qui autorise dans les pays les moins développés ce qui est devenu interdit ailleurs.

Mali : IAMGOLD, « Je suis l'or »

On peut dire que la compagnie minière canadienne IAMGOLD, créée en 1990 par deux associés et actionnaires principaux (totalisant jusqu'à 27 % des parts), est née sous le signe du cyanure. Elle est « dirigée par deux Canadiens un peu spéciaux », comme le disait François-Xavier Verschave. « Le premier, William Pugliese, a bâti sa fortune sur une activité qui confine à l'escroquerie. Elle a fait florès en France, avant d'y être interdite : une société envoie un courrier en nombre aux entreprises inscrites sur les "Pages jaunes", avec une facture qui ressemble étrangement à celle du concessionnaire officiel. En bas, une formule juridiquement floue menace d'un contentieux en cas de retard de paiement. Sans lire le détail, nombre de destinataires règlent immédiatement un service… inexistant ou presque. Car la diffusion suggérée n'a strictement rien à voir avec celle d'un annuaire distribué à plusieurs millions d'exemplaires. Pugliese a acquis tellement de soutiens en tous genres qu'il n'a jamais été condamné par la justice canadienne [24]. Son associé d'origine australienne, Mark Nathanson, a jadis vendu via sa société Zentraco International SA des équipements de sécurité à la police secrète du dictateur nigérian Ibrahim Babangida, coutumière du meurtre et de la torture [25]. Nathanson possède également une société d'investigation privée International, FIA Holdings Limited (FIA pour Forensic Investigative Associates, centre d'études sur le crime organisé et la corruption qui a son siège au paradis fiscal des Bahamas). C'est à ces deux personnages que le prédécesseur d'Amadou Toumani Touré, Alpha Oumar Konaré, a confié la plus belle mine du Mali. Leur confieriez-vous votre portefeuille ? »

Mark Nathanson explique dans sa biographie : « J'ai passé ces vingt-cinq dernières années à travailler avec de multiples gouvernements, dont beaucoup en Afrique, principalement dans les secteurs de la sécurité nationale et de la communication [...]. L'Afrique de l'Ouest a toujours résonné en moi comme un appel spécial. Durant mes nombreuses années d'exploration de la région, j'en suis venu à croire fermement à la fois dans la promesse de la terre, et dans le potentiel de son peuple [26]. » Il s'attribue la découverte du gisement de Sadiola en 1988, sous le régime dictatorial de Moussa Traoré, et en obtient les droits d'exploitation via sa société AGEM, qui a une filiale dans le paradis fiscal de La Barbade.

Ajoutons que Mark Nathanson a été décoré en 1995 par le président du Sénégal pour « bienfaits rendus au peuple sénégalais ». Il est également membre bienfaiteur de la section canadienne de Transparency International, à côté de personnes morales comme les compagnies minières Alcan, Placer Dome, Barrick Gold et... l'Agence canadienne de développement international (ACDI), elle aussi très critiquée pour ses soutiens financiers aux multinationales de l'or. Transparency International est une ONG qui se donne pour mission de dénoncer la corruption et la criminalité financière. Un domaine où Mark Nathanson apparaît en spécialiste. Une recherche plus fouillée montre justement que les premiers associés du tandem Pugliese-Nathanson ont eu plusieurs démêlés avec la justice américaine. Un allié de la première heure, John A. Boultbee, a été poursuivi en 2005 par la commission de sécurité de l'Ontario pour une fraude fiscale estimée à 84 millions de dollars US impliquant sa société Hollinger Inc., basée à Chicago. Boultbee a plaidé non coupable. Il a aussi demandé une exemption lui permettant de poursuivre ses activités à la direction d'IAMGOLD. Elle lui a été refusée. William Pugliese, son ami depuis vingt ans, l'a provisoirement sorti d'affaire contre une caution de 1,5 million de dollars [27], et lui a donné congé des fonctions qu'il occupait chez IAMGOLD depuis 1994.

Deux autres membres de la direction d'IAMGOLD (jusqu'en 2002) méritent notre intérêt : l'ancien officier de la gendarmerie royale du Canada Rodney Stamler, qui travaille également pour la FIA de Nathanson. Outre des rapports de circonstance pour défendre les intérêts des géants nord-américains du tabac, Rodney Stamler a mené en 1997 une enquête pour le compte de la société minière Bre-X Minerals Ltd, société canadienne qui prétendait avoir découvert le plus grand gisement d'or du monde en Indonésie. Grâce à cette découverte, Bre-X a attiré de nombreux investisseurs… qui ont vite déchanté en découvrant la supercherie. Rodney Stamler a « démontré » dans un rapport de 430 pages que la surestimation de la quantité de minerai était imputable à des employés philippins, déchargeant ainsi la compagnie d'extraction de toute responsabilité. Ce rapport fut démoli par le journaliste Brian Hutchinson, auteur d'un livre sur le scandale Bre-X [28]. Pour compléter le tableau,

Lord Robert Armstrong est un ancien des services secrets britanniques (de 1987 à 1997). On le retrouve lui aussi à la direction de la FIA.

Rappelons maintenant les buts et objectifs officiels de la compagnie IAMGOLD : « Rechercher d'une manière agressive une croissance de haute qualité », « adhérer aux plus hauts standards d'excellence opérationnelle [...] en prudence financière et en matière environnementale », « poursuivre les initiatives de réduction des coûts », « soutenir et améliorer la réputation de la compagnie par des pratiques d'entreprise éthiques, responsables et transparentes, en accord avec les intérêts de tous les actionnaires », et enfin « continuer d'établir et de forger de bonnes relations avec les gouvernements et les dépositaires des pays d'accueil » [29].

IAMGOLD se définit aujourd'hui comme « un producteur d'or intermédiaire de premier ordre » coté en Bourse à Toronto, à New York, en Australie et au Botswana, avec des exploitations en Afrique et en Amérique du Sud. Son capital minier comprend des participations extrêmement élevées dans cinq mines d'or : 100 % de la mine Mupane au Botswana ; 38 % de Sadiola et 40 % de Yatela, situées au Mali ; 18,9 % des mines Tarkwa et de Damang, au Ghana. La plupart de ces exploitations sont des mines à ciel ouvert où les minerais sont traités au cyanure. Elles bénéficient de soutiens financiers de la Banque mondiale et du gouvernement canadien.

Dans une étude de cas sur l'actionnariat responsable et les entreprises minières canadiennes, la chercheuse Gisèle

Belem conclut par cette recommandation : « Les caisses de retraites sous réglementation fédérale pourraient utiliser des critères d'investissement socialement responsable afin de sélectionner les entreprises au sein desquelles elles souhaitent investir. Le Canada doit encourager une plus grande transparence et faciliter la reddition de compte pour les entreprises afin de permettre aux investisseurs (institutionnels et individuels) d'être mieux éclairés dans leurs choix d'investissement. Pour démontrer l'engagement canadien à assurer le suivi et la surveillance des entreprises minières à l'étranger, le respect de l'obligation de reddition de compte pourrait également être une condition pour ces entreprises à l'accession aux différentes formes de soutiens gouvernementaux [30]. »

Hélas, le gouvernement canadien n'est pas très exigeant en ce qui concerne les activités des compagnies minières à l'étranger, ou les rapatriements de capitaux terminant leur course dans les paradis fiscaux. Même son ancien ministre des Finances a choisi d'inscrire ses affaires aux Caraïbes, pour échapper aux impôts [31].

III. Pillages, trafics, conflits armés

Lobbying minier & faucons à Washington

Les liens entre la SFI et la haute finance nord-américaine, les hommes d'affaires et de pouvoir ont un ancrage historique. La SFI a été créée en 1956 « par la communauté internationale pour promouvoir les investissements privés dans les pays en développement », selon sa propre formule. Si elle regroupe aujourd'hui 178 pays membres, elle reste dominée depuis des décennies par les États-Unis. Ils y détiennent encore 24 % des voix [1].

Selon un accord informel passé lors de la création des institutions financières internationales, les Américains choisissent traditionnellement le président de la Banque mondiale, tandis que les Européens désignent celui du Fonds monétaire international. Autant dire que les présidents de la Banque mondiale sont recrutés directement à la Maison-Blanche. Après avoir élu à ce poste un « homme de fer » comme Robert MacNamara (entre 1968 et 1981) à la suite de la guerre du Vietnam, l'histoire retiendra le nom d'un Australien devenu citoyen américain : James Wolfensohn, choisi par le président

Bill Clinton en 1995 pour diriger le plus grand organisme de prêt mondial.

Wolfensohn avait promis de rendre la Banque plus réceptive aux besoins des pays en développement [2]. Malgré une ouverture affichée, il s'est en réalité trouvé compromis dans les pires programmes de financement [3]. Il a néanmoins osé émettre certaines critiques concernant le fonctionnement du système. James Wolfensohn voulait en particulier déterminer « si l'implication de la Banque dans les industries liées à l'extraction était en cohérence avec son but premier de réduire la pauvreté ». À la surprise générale, il avait annoncé, lors de la réunion annuelle de la Banque mondiale et du FMI à Prague en septembre 2000, l'idée d'une Revue des industries extractives (RIE). En 2001, il imposait un moratoire de deux ans sur les investissements miniers. « Le rapport [de la RIE] publié à Lisbonne le 11 décembre 2003 s'avéra, malgré l'ingérence de la Banque mondiale, un document étonnamment puissant. Bien que le rapport ne répondît pas à toutes les questions et les demandes des mouvements associatifs et des ONG, il tenait un langage ferme [4]. » Il affirmait noir sur blanc que les projets soutenus par la SFI avaient « peu fait pour lutter contre la pauvreté » dans une optique de développement durable. « Au contraire, ces investissements ont contribué de façon significative à la destruction de modes et de moyens d'existence communautaires, à la violation des droits de l'homme et à l'abus de pouvoir, créé des conflits sociaux et une corruption systématique, nui à la diversité de l'environnement et ruiné plusieurs principes démocratiques. [5] » Le rapport recommandait encore que la SFI « retire progressivement ses billes du pétrole, des mines et du gaz naturel dans les cinq ans, et qu'elle reconcentre ses finances sur les énergies renouvelables. Il engendra un tollé parmi les investisseurs privés (tels que Citibank, ABN Amro, WestLB et Barclays), pour qui l'implication de la Banque dans ces domaines particuliers est essentielle tant qu'ils ne sont pas capables de financer ces projets eux-mêmes [6] ».

Ce vent de panique ne devait pas durer. Entre-temps, George W. Bush est arrivé au pouvoir. James Wolfensohn, nommé sous l'administration Clinton, est vite jugé trop consensuel. Son départ est programmé pour juin 2005. Sur proposition de Bush junior, il est remplacé par le néoconservateur Paul Wolfowitz, qui sera accusé de violation des règles d'éthique de la Banque mondiale dès sa prise de fonction [7]. Cet ancien secrétaire adjoint à la Défense a été chargé de définir la stratégie militaire américaine après la fin de la guerre froide. Paul Wolfowitz est aussi le stratège des faucons à la Maison-Blanche, et l'artisan de la guerre en Irak... Tout s'enchaîne dès lors sans accrocs entre le gouvernement Bush et les intérêts des multinationales. En octobre 2005, un rapport du Congrès américain laisse entendre que « les compagnies minières pourraient abandonner leur exploitation sans avoir à s'acquitter du coût faramineux de l'assainissement des sites [8] ». Ce serait une bonne chose pour les ténors de la haute finance qui placent leurs millions sur les multinationales d'extraction et le marché de l'or : au même moment, une longue enquête de l'*International Herald*

Tribune signalait que plusieurs sites aurifères étaient devenus de véritables « bombes à retardement écologiques ». Selon une étude du ministère de l'Environnement américain, le coût de leur assainissement pourrait atteindre 54 milliards de dollars [9].

La Banque mondiale avait déjà ignoré toutes les recommandations de la RIE. Le 9 novembre 2005, la SFI présente à Paris une nouvelle version de ses « standards de performance », définissant l'ensemble de ses normes environnementales et sociales [10]. « Malgré quelques améliorations dues aux critiques et propositions de la société civile, les nouveaux standards ne modifient pas l'essentiel : la SFI s'oriente vers une approche flexible et discrétionnaire. Elle abandonne une grande partie de sa responsabilité en la reportant sur les entreprises clientes », s'alarme Sébastien Godinot, des Amis de la Terre [11]. Peut-on faire confiance à la poignée de multinationales qui bénéficient des soutiens financiers de la Banque mondiale ? Peut-on faire confiance à George W. Bush ? Les deux questions se rejoignent, comme l'a constaté à ses dépens le journaliste d'investigation américain Greg Palast, auteur d'une enquête retentissante sur les circonstances troubles de l'élection de Bush junior à la présidence américaine en novembre 2000. « Au cours des mois précédant l'élection présidentielle, le gouverneur de l'État de Floride, Jeb Bush – frère cadet du candidat républicain – et sa secrétaire d'État ont ordonné à la commission électorale locale de rayer de ses listes 58 000 électeurs [12] ». Ces révélations auraient dû faire basculer le vote en faveur du candidat démocrate Al Gore. Mais à l'époque, les grands médias américains proches du clan Bush n'ont pas voulu les publier. Pour son scoop, Greg Palast n'a trouvé preneur qu'en Angleterre, à l'*Observer* et à la BBC. C'est là qu'il a depuis trouvé l'« asile éditorial », selon sa propre expression.

Les mésaventures de Greg Palast, « réfugié » à Londres, ne s'arrêtent pas pour autant. La parution de son enquête suscite une levée de boucliers. Entre autres, celle d'un cabinet d'avocats, « le plus réputé du Royaume-Uni en matière de diffamation. Ses ténors sont chargés des intérêts de la Barrick Gold, une compagnie canadienne exploitant des mines d'or [...]. La Barrick Gold a employé George Bush senior jusqu'en 1999 ».

Tanzanie : Barrick Gold & Monsieur Bush

Les connexions entre la famille Bush et la puissante compagnie minière Barrick Gold Corporation – aujourd'hui premier producteur d'or du monde devant AngloGold – sont multiples. Barrick Gold a soutenu financièrement le parti républicain, donc la campagne présidentielle de Bush junior. Barrick Gold exploite la plus grande mine d'or de la planète, rappelle Greg Palast : « Elle se trouve au Nevada, et son gisement renferme pour 10 milliards de dollars de minerai [13]. » La mine de Goldstrike a en effet été obtenue par Barrick en 1987 sous le gouvernement de Bush père, avec des avantages fiscaux hors du commun : ils ont permis à la compagnie d'économiser un bon milliard de dollars, selon des experts du Mineral Policy

Center de Washington. La part de revenus pour l'État a été minorée à l'extrême. L'exploitation à ciel ouvert a produit, en 1992, quelque 31 tonnes d'or. Ses réserves totales sont estimées à 734 tonnes [14].

Coïncidence, une autre mine intéresse Greg Palast : celle de Bulyanhulu, en Tanzanie. Bulyanhulu représente l'un des plus riches gisements de toute l'Afrique. Il est aussi l'un des plus controversés : en août 1996, 52 orpailleurs de cette mine ont été enterrés vivants après un passage de bulldozers de la compagnie minière Sutton, durant l'éviction musclée de plusieurs milliers de mineurs traditionnels africains par la police armée. C'est ce qu'affirme Amnesty International, preuves et témoignages à l'appui. Les mineurs, qui avaient pourtant des permis d'exploitation délivrés par le gouvernement tanzanien, ont été évacués. L'opération visait à faire place nette, avant de céder la concession de la mine à Sutton Resources Ltd, qui au terme d'une série de transactions, devait être rachetée par Barrick Gold. Cette dernière convoitait depuis des années l'or de Bulyanhulu. Bush senior était alors au conseil de direction de Barrick Gold. Le rachat fut arrangé en 1999, pour une valeur de 500 millions de dollars, alors que les réserves en minerai aurifère étaient évaluées à 3 milliards.

Les liens que Greg Palast a établis entre ce massacre, Barrick Gold et Bush père (il aurait aidé à obtenir cette concession) ont déplu aux avocats de la firme canadienne. Ils ont à nouveau intenté un procès. Un an plus tard, Barrick Gold recevait, pour exploiter le gisement d'or de Bulyanhulu, l'appui financier de la Société canadienne pour l'expansion des exportations (SCEE, qui a avancé 117 millions de dollars), auquel il faut ajouter 172 millions de dollars perçus via une autre agence d'investissements de la Banque mondiale : l'Agence multilatérale de garantie des investissements (Multilateral Guarantee Investment Agency, MIGA). L'histoire du massacre de Bulyanhulu rejaillit aussi indirectement sur les milieux de la haute finance. Le projet de développement de la mine par la multinationale liée au clan Bush devait se chiffrer à 280 millions de dollars. La firme d'extraction a pu compter sur les avances supplémentaires de six des plus grandes banques internationales, réussissant à l'époque « le plus large financement bancaire jamais réalisé pour une compagnie minière en Afrique sub-saharienne », vante Richard Young, vice-président des relations avec les investisseurs de Barrick [15].

L'appui des grandes banques commerciales est déterminant pour l'avenir d'un groupe minier international : il doit faire face à d'énormes investissements et disposer d'une force de frappe financière pour arracher des concessions à ses adversaires. L'un des arrangements entre sociétés minières et établissements bancaires consiste à prévendre une quantité fixe de la production d'or pour rembourser les avances consenties. Le géant canadien Barrick Gold, concurrent de Newmont Mining, peut de la sorte lancer des emprunts d'un milliard de dollars, ou plus. Barrick Gold a été un pionnier dans cette technique financière qui permet au producteur de s'assurer un revenu fixe sur sa production future. La multinationale liée au clan Bush opère sous la houlette de la Royal Bank of Canada. Elle est épaulée par d'autres banques internationales, dont le Crédit suisse.

Visiblement, le comportement environnemental ou social de la compagnie Barrick Gold importe peu pour ces investisseurs. « En 1997, alors que Bush faisait partie du conseil (il l'a quitté en 1999), le magazine *Mother Jones* a élu le directeur de Barrick, Peter Munk, comme l'un des "Dix Petits Cochons de l'Amérique" [16]. » Cet honneur visait à le distinguer pour pollution d'eau potable à la suite de déversements de tonnes de cyanure utilisées par Barrick pour le traitement des minerais.

En donnant son aval, la Banque mondiale officialise l'acceptabilité d'un projet. Or elle n'a jamais souhaité s'expliquer sur le choix de cette attribution pour Bulyanhulu. Les massacres de 1996 ont été niés par la Banque mondiale, par Barrick Gold [17], comme par les gouvernements canadien et tanzanien [18]. Les ONG Mines Alertes Canada, Les Amis de la Terre-USA et Both ENDS ont réclamé en vain l'appui des deux autorités gouvernementales pour mener une enquête indépendante sur ces allégations de meurtre. Un de leurs rapports de mission recommande aux deux institutions financières publiques qui ont assuré les opérations de la société minière « qu'elles se conforment à leur mandat d'organisme d'intérêt public en dévoilant les résultats des enquêtes qu'elles sont tenues de mener » en pareilles circonstances. Le message n'a jamais été entendu.

Trafics & syndicats de la contrebande

La mine de Bulyanhulu représentait un enjeu de taille. Elle allait constituer environ 30 % des réserves d'or de Barrick Gold et 18 % de sa production totale annuelle : plus de 15 tonnes à elle seule. Un an seulement après le rachat de la mine tanzanienne, un conseiller à l'investissement de la compagnie annonçait déjà que les réserves d'or y étaient en fait supérieures de 40 % à ce qui avait été officiellement annoncé en 1999 [19]. Avec un coût d'exploitation parmi les plus bas du monde (moins de 130 dollars l'once), Barrick prévoyait à terme de tirer de cette mine d'or des profits à hauteur de 1,3 milliard de dollars [20].

Jusque-là, comme dans bien des pays africains disposant de ressources aurifères, l'exploitation artisanale du gisement de Bulyanhulu par des mineurs tanzaniens se révélait pourtant satisfaisante sur bien des plans : le site fournissait du travail à des milliers d'orpailleurs (entre 30 000 et 200 000 selon les années et les estimations). Ces derniers en tiraient suffisamment de revenus pour faire vivre leur famille. Ils participaient au développement d'une économie locale souvent informelle mais qui n'empêchait pas à l'État de prélever des taxes pour alimenter ses caisses. Les économistes des institutions de Bretton Woods ont avancé toutes sortes d'arguments pour justifier la privatisation du secteur, imposer l'ère des extractions aurifères à grande échelle et confier le secteur à un oligopole au service des grandes banques transnationales.

La privatisation du secteur était-elle une bonne solution ? La question pouvait déjà se poser au Ghana en 1986, lorsque le gouvernement très libéral du président Jerry Rawlings prit une décision impopulaire, sous pression de la Banque mondiale : celle de réformer les lois du secteur minier et d'ouvrir Ashanti, l'industrie nationale « moribonde » de l'or, aux capitaux étrangers. Il s'agissait du plus important programme de privatisation jamais entrepris dans ce pays [21]. On vit soudain arriver une déferlante de compagnies minières australiennes, sud-africaines, nord-américaines, concluant des *joint-ventures* avec la SFI et le gouvernement ghanéen. Les projets de mines à ciel ouvert, ravageurs pour l'environnement mais permettant de réduire les coûts d'extraction, commencèrent en 1990. La situation de pauvreté extrême de la population ghanéenne s'est encore aggravée depuis.

Réduire la part des États, chasser les orpailleurs africains et livrer les ressources à des sociétés privées étrangères : autrement dit, ce serait donc la seule voie à suivre dans les pays sécurisés et politiquement stables pour lutter contre la pauvreté, selon le slogan de la Banque mondiale, tandis que les experts occidentaux accusaient une fois de plus les Africains de ne pas avoir su exploiter le filon. « Jusqu'à très récemment, l'activité minière de la plupart des pays d'Afrique s'est caractérisée par une faible valeur ajoutée », explique ainsi un dossier de *Marchés tropicaux* [22], qui a quand même l'honnêteté de rappeler que ce lourd handicap trouve une explication historique.

Les Africains n'ont pas vraiment eu le choix d'orienter leur économie à leur convenance sous la période coloniale : les décisions étaient prises par l'administration occupante, en fonction des intérêts économiques des pays du Nord. Ces derniers ont eu la plupart du temps pour seule politique celle du moindre investissement sur le continent noir, pour en tirer le maximum de profit. Au moment des indépendances, la plupart des jeunes États d'Afrique subsaharienne – hormis l'Afrique du Sud, qui demeure une exception – se retrouvent avec d'absurdes monocultures, produisant des matières premières soudain dévaluées sur le marché international, souffrant de filières très peu variées, d'un manque d'infrastructures, de peu ou pas d'industries de transformation qui leur permettraient d'apporter ladite valeur ajoutée à leur production.

Mais c'est aussi la nationalisation des mines qui déplaît au FMI et à la Banque mondiale. « Après les indépendances, la plupart des gouvernements d'Afrique ont affirmé leur souveraineté sur leurs ressources minérales en imposant des réglementations très strictes et exclusives qui ont éloigné le secteur privé. » Les institutions financières basées à Washington ont aussi dénoncé la profusion de sociétés parapubliques, gérant plus de 50 % de la production africaine et alimentant la corruption de la classe politique… Sans préciser que corruption et classe politique africaine évoluaient dans un climat de guerre froide, sous des régimes fantoches entretenus par les États-Unis. La production africaine stagnait aussi du fait de guerres incessantes entretenues en sous-main par les régimes impérialistes et communistes. Le Zaïre de Mobutu est souvent cité en exemple : « Ce pays vanté pour l'abondance de ses richesses naturelles s'est retrouvé au début des années 1990 dans les rangs des États les plus pauvres et les plus endettés », souligne un groupe d'experts des Nations unies [23].

Il y a enfin l'orpaillage et la contrebande, omniprésents tant en Afrique de l'Ouest qu'en Afrique centrale et australe, du fait de la porosité des frontières et de la déliquescence des appareils étatiques que la Banque mondiale voudrait encore raboter davantage. « La production, souvent à ciel ouvert, échappe à tout contrôle et est écoulée clandestinement », résume un journaliste mauricien [24]. « Principaux obstacles à la valorisation des gisements aurifères africains, la multiplication des petits orpailleurs (les "fourmis") et la contrebande devraient impérativement faire l'objet d'une réglementation sévère, qui permettra, comme au Ghana, d'attirer les compagnies minières exploitantes. Depuis 1992, la Banque mondiale a opéré un revirement significatif à ce sujet, en poussant à la privatisation de toutes les entreprises minières d'exploitation ou d'exploration, en incitant les États à lever tous les obstacles à l'investissement. [25] »

Depuis le début des années 1990, les multinationales anglo-saxonnes de l'or s'intéressent en effet à l'Afrique de l'Ouest : la production artisanale issue de l'orpaillage avoisine 40 tonnes par an. Un métal en général impur qui demande raffinage. Encore faut-il régler « la question de la capacité des pays ouest-africains à satisfaire une partie de la demande mondiale, et les moyens qui pourraient leur être accordés pour rationaliser l'extraction et limiter les flux de la contrebande qui quadrillent la sous-région [26] ».

Comme le résumait à la fin des années 1960 le spécialiste du marché de l'or Timothy Green, une bonne partie des syndicats de la contrebande en Afrique étaient liés à des réseaux libanais, grecs ou irakiens, courtisés par des hommes d'affaires belges, anglais, suisses, acheminant l'or en Europe, vers le marché libre de Beyrouth, ou le faisant entrer clandestinement en Inde et au Moyen-Orient. « L'or a une telle valeur qu'un solide contrebandier peut transporter 50 000 dollars sous sa chemise, dans les poches d'un gilet de toile spéciale », écrivait-il en 1968.

Ces réseaux, tout comme les comptoirs de vente d'or issu de l'orpaillage et de trafics clandestins à travers les frontières africaines, étaient bien connus des grandes banques internationales. « Le commerce de l'or comme du diamant est très lié à la contrebande, explique l'économiste suisse Mascha Madörin. Il y avait dans les années 1950 pour la Suisse un certain savoir-faire, il fallait connaître les bonnes personnes sur place. » En exemple, elle cite un ancien responsable de la Société de banque suisse (SBS), habitué du terrain.

Secret de polichinelle, la contrebande de l'or africain suit son cours, escamotant des milliards de dollars de revenus pour les caisses des États producteurs. Elle rappelle des souvenirs au coopérant français Benoît, qui évoque la nervosité palpable de contrebandiers à la frontière du Sénégal ou du Burkina Faso. Orpaillage, économie informelle aidant, les réseaux de trafiquants ouest-africains sont tellement connus et tolérés qu'il font l'objet d'études sociologiques ou ethnologiques, comme au Bénin, pour montrer comment des mineurs confient leur production à des intermédiaires togolais ou nigérians, qui eux-mêmes revendent à des négociants libanais ou indo-pakistanais, en relations avec des acheteurs à Londres, Bruxelles ou Amsterdam [27].

Autre souvenir : celui du pasteur suisse Olivier, en mission dans la région des Grands Lacs, qui évoque comment des chargements d'or passaient la frontière, cachés dans des caisses sous des marchandises plus ordinaires. Pour la région des Grands Lacs plus qu'ailleurs, ce terrain est très instable. Dans ces pays d'Afrique centrale, certains comptoirs de vente d'or disposent d'une licence, sans qu'il soit possible de toujours contrôler l'origine exacte de la marchandise. Les conflits armés sont venus bouleverser les habitudes : « À partir de 1998, la filière de l'or a presque entièrement été contrôlée par les réseaux militaires qui exportaient leur or vers d'autres pays que la Belgique, notamment vers le Royaume-Uni et la Suisse (Metalor) », constate le rapport d'une commission d'enquête parlementaire publié par le Sénat de Belgique, s'inquiétant des évolutions imprévues de ce marché [28].

Plusieurs filières y sont mentionnées. Bukavu, capitale administrative du Sud-Kivu (RDC) et ville frontalière avec le Rwanda, développe une certaine activité dans le domaine. « Depuis toujours, ces comptoirs achètent les réserves d'or amenées par les mineurs artisanaux et provenant des mines à proximité de Kamituga, Twangiza, Namoya et Lugushwa. » Un premier comptoir est identifié : il « appartient à Shenila Mwanza, la fille d'Aziza Kulsum. Celle-ci exporte tout son or en Suisse à une entreprise de raffinage dénommée Metalor. Selon plusieurs sources, elle exporterait entre 100 et 150 kilos d'or par mois ».

Les filières de contrebande de l'or congolais, extrait de force de la RDC et exporté illégalement dans les pays limitrophes, sont aussi épinglées dans un rapport de l'ONU [29] : il « relève la présence, aussi bien dans la filière ougandaise que dans la filière rwandaise, de citoyens libanais, israéliens, thaïlandais, pakistanais qui jouent un rôle de premier plan dans ce trafic illégal ». Ces réseaux de contrebande sont venus s'ajouter à ceux qui existaient déjà dans d'autres secteurs : « Ces Libanais sont en réalité les anciens de la filière Khanafer et Abdul Karim, très connue en RDC dans le trafic du diamant angolais à travers le réseau mis en place par Savimbi et les anciens généraux de Mobutu. »

L'ex-Zaïre en proie au pillage

Le village de Mongbwalu, dans l'Ituri, au nord-est de la République démocratique du Congo, a des airs de Far West : une seule rue poussiéreuse bordée de cafés ressemblant à des saloons ; un hôtel pouilleux à l'enseigne cabossée ; des bandes de jeunes motards qui observent le va-et-vient des passants, comme s'ils attendaient, d'un moment à l'autre, le début d'un duel. Le parallèle n'a rien d'outrancier : ici, comme dans les villes-champignons de la ruée vers l'or aux États-Unis, toute l'activité tourne autour du métal précieux.
L'Ituri se situe en plein milieu d'une des zones aurifères les plus importantes de la planète [30]. Plusieurs quintaux d'or

sont extraits, chaque mois, des mines artisanales éparpillées autour de ce village perdu qu'est Mongbwalu. Transporté illégalement vers l'Ouganda voisin, le métal est ensuite exporté en Europe, notamment en Suisse. Les énormes profits qui en résultent sont l'objet de toutes les convoitises et à la base du conflit qui, depuis 1998, ensanglante la RDC, et cette région [31].

Le sous-sol gorgé de minerais a valu à l'ex-Zaïre, géant de l'Afrique, le surnom de « scandale géologique ». Mongbwalu est devenu une sorte de « Klondike tropical » depuis que, en 1982, le dictateur Joseph Mobutu a libéralisé l'extraction du métal précieux dans certaines zones du pays. Des milliers de mineurs fiévreux et improvisés se sont jetés dans un business qui ne s'est jamais interrompu, même dans les moments les plus tragiques de la guerre. Chaque jour, au petit matin, quittant le village à bord de 4×4 déglingués, ils empruntent un chemin de terre défoncé et se dirigent vers les sites d'exploitation. Arrivés à destination, ils se répartissent en équipes et commencent à fouiller. Une immense ruche où s'affairent des centaines d'hommes dans des alvéoles de boue… Plongés dans l'eau jusqu'à la taille, certains creusent à un rythme forcené et déposent la terre dans des bacs en plastique, que d'autres se passent, cramponnés des deux côtés du talus, semblables aux minuscules maillons d'une chaîne de montage frénétique.

Chaque équipe travaille pour son compte : poussière détrempée et cailloux arrivent sur un tamis, au-dessus d'une flaque d'eau. Il s'agit d'abord de rechercher de la poudre d'or. Ensuite, dans l'espoir d'y voir apparaître les précieuses veines, les pierres les plus prometteuses s'effritent sous les coups de massue. « Il faut s'y connaître pour savoir où creuser », commente Étienne, qui a passé au moins dix ans sur les collines de Mongbwalu. Autour de lui, un groupe de jeunes ouvriers scrute avec soin de

> petits bouts de cailloux restés dans le tamis, à la recherche de quelques paillettes. « Aujourd'hui on n'a pas eu de chance, reprend Étienne. Mais je suis sûr que ça ira mieux par la suite. Si on tombe sur un bon morceau, on arrivera à gagner 5 dollars chacun. »
>
> Stefano Liberti, *Le Monde diplomatique*, décembre 2005 (extrait)

Comme le rappelle le journaliste Stefano Liberti [voir encadré ci-dessus], une économie de contrebande, notamment d'or, s'est installée dans l'ex-Zaïre depuis la chute de Mobutu en 1997. Auparavant, une entreprise publique était chargée de l'extraction de l'or de la région de Kilo-Moto, dont Mongbwalu représente la porte d'entrée. L'activité y battait son plein quand, au temps de Mobutu, l'Ituri se trouvait sous le contrôle du gouvernement de Kinshasa. À l'époque, le produit de la vente finissait dans les poches du dictateur zaïrois, lui permettant d'accumuler tranquillement des fortunes dans les banques étrangères.

On trouve en effet dans le nord-est et l'est de la RDC, dans les provinces de Kivu, de Maniéma et d'Ituri, d'importants dépôts aurifères [32]. Durant les derniers jours du gouvernement Mobutu, c'était même le seul produit minéral dont les ventes augmentaient. À la suite d'une première tentative visant à privatiser les mines d'or, par la création de coentreprises, l'extraction industrielle de l'or s'est pratiquement arrêtée après le début de la guerre civile en 1996. Cependant, l'extraction artisanale de l'or s'est poursuivie jusqu'à ce jour à grande échelle [33]. À elle seule, la mine de Malaka emploierait 10 000 orpailleurs et produirait pour 10 000 dollars d'or par jour. L'or extrait serait vendu par le comptoir Victoria à Kampala. L'or produit en RDC transite également par Bujumbura, au Burundi, qui dispose d'un aéroport permettant d'accueillir de gros avions-cargos. À Bujumbura, les intermédiaires venant du Sénégal, du Pakistan ou de Grèce achètent cet or de contrebande, qu'ils transportent ensuite en personne en Europe ou vers d'autres destinations [34].

Aujourd'hui, la région de Kilo-Moto constitue l'un des foyers d'instabilité les plus importants de la région des Grands Lacs. Son potentiel extraordinaire – c'est la zone aurifère la plus étendue du continent – a suscité la convoitise des principaux acteurs de la première guerre mondiale africaine [35]. En 1998, à la suite de l'invasion du pays par le Rwanda et l'Ouganda, la région a été occupée par les forces de Kampala, qui transportaient directement l'or chez elles par avion.

L'ONU a bien dépêché une Mission d'observation des Nations unies au Congo, présente sur les lieux depuis 1999. Cette force d'interposition, censée mettre un terme aux exactions commises par les différents mouvements rebelles armés soutenus financièrement par les pays voisins, est toujours critiquée pour sa passivité. Ses hommes ne s'occupent guère d'un trafic qui se déroule pourtant sous leurs yeux [36].

Le Conseil de sécurité de l'ONU a aussi demandé le 2 juin 2000 au secrétaire général de mettre en place un groupe d'experts pour analyser notamment les liens entre prédation des richesses naturelles et poursuite des conflits. En octobre 2001, un rapport de la Commission des experts nationaux sur le pillage et l'exploitation illégale des ressources naturelles et autres richesses de la RDC dénonce ce qui se trame en Ituri : « La réalité du trafic illicite [...] ; la responsabilité politique des dirigeants ougandais, rwandais et burundais ; la responsabilité des sociétés minières européennes et américaines ; l'interférence des filières mafieuses ; la connexion entre les marchands d'armes et l'exploitation illicite des richesses ; [...] l'utilisation des enfants et des prisonniers dans les carrières minières », tout cela représente « une affaire juteuse et lucrative entreprise en violation de la souveraineté du pays, de la législation nationale et des principes fondamentaux du droit international. »

Le rapport de l'ONU met en cause l'attitude de l'un de ses propres organismes, la Banque mondiale, qui accorde des prêts généreux aux trois pays des Grands Lacs dont les gouvernements soutiennent précisément le pillage de l'or en RDC [37]. Il démontre aussi que l'appétit des multinationales minières pour ces gisements remonte en fait à plusieurs années : « Les mines de Kilo-Moto, de Somico et de Kisenge représentent à elles seules un potentiel d'environ 1 000 tonnes d'or, soit l'équivalent de 25 à 30 milliards de dollars américains. Lorsque la guerre éclate en 1996, les grandes manœuvres pour le contrôle de ces richesses par un certain nombre d'entreprises occidentales avaient déjà commencé depuis bien longtemps. Une vingtaine de sociétés [...] sud-africaines, françaises, suisses, canadiennes, américaines, australiennes, etc. se livrent un combat sans merci pour le contrôle des principales sociétés minières du pays comme la Gécamines, l'Okimo, la Miba, la Sominki, etc. Les sociétés les plus engagées dans ce qu'il convient d'appeler « la chasse au trésor » sont l'Anglo-American Corporation de Nicky Oppenheimer, la société suisse Swipco, la firme française Filma, le groupe australien Russel Ressources Group, la société britannique Lonhro à travers sa filiale ghanéenne Ashanti Minerals Fields, la société belge Union Minière, le BHP australien, les sociétés canadiennes Falconbridge et First Quantum, spécialisée dans le cobalt, et les sociétés Barrick et Banro, dans l'or. »

La synthèse des données contenues dans divers rapports et statistiques reprenant la production de l'or congolais pour la période allant de 1999 à 2001 permet d'estimer à plus de 30 tonnes la quantité d'or pillée et illégalement exploitée par des armées étrangères. Cet or trouve facilement des acheteurs : « La responsabilité d'un certain nombre de sociétés privées européennes, américaines et asiatiques est également établie. Certaines banques occidentales sont citées, même si on peut regretter qu'une banque belge de renom international ne l'ait été que d'une manière incidente alors qu'elle finance notoirement ce commerce illicite à travers la Banque de Kigali, la Banque commerciale du Rwanda, la Banque de commerce, de développement et de l'industrie et l'Union des banques congolaises par son siège de Kisangani aujourd'hui transféré à Kigali. »

Depuis 2003, l'embargo établi par les Nations unies interdit tout soutien aux groupes armés. Le 4 novembre 2005, son Conseil de sécurité a adopté des sanctions (gel des avoirs, interdiction de voyager) envers ceux qui violent l'embargo sur les armes en RDC. C'était bien trop tard.

IV. Commerces de l'or africain

Rwanda, Ouganda : fuites de métaux précieux

Après les « diamants du sang », c'est « l'or du sang » qui préoccupe au plus haut point des ONG comme Human Rights Watch (HRW). Celle-ci a publié en juin 2005 un rapport de 159 pages intitulé *Le Fléau de l'or* [1]. Elle y démontre comment des groupes armés locaux sévissant en RDC font main basse, avec la complicité de firmes étrangères, sur les concessions aurifères du nord-est.

Loin de profiter à la reconstruction de l'économie congolaise, totalement dévastée, une grande partie des produits miniers, parmi les plus importants d'Afrique, sont écoulés clandestinement vers les pays limitrophes (Rwanda, Ouganda), avec pour destination finale… la Suisse, qui abrite à Zurich un des principaux marchés mondiaux de l'or.

On sait que la vente de cet or sale vient renforcer l'achat d'armement pour les milices qui s'affrontent, tuent, terrorisent et rançonnent la population civile. Le rapport de HRW s'interroge entre autres sur le rôle de la Confédération helvétique comme principal acheteur de l'or extrait en contrebande de la RDC. Il pointe la multinationale AngloGold, ainsi qu'un des raffineurs les plus importants du monde de l'or, Metalor Technologies [2].

Enfreignant ses propres règles d'éthique [3], cette discrète société basée à Neuchâtel a ignoré pendant des années les mises en garde de l'ONU prononcées dès 2001, et rappelées ici par HRW : « Les experts de l'industrie de l'or et les compagnies qui travaillent dans le commerce de l'or doivent ou devraient être conscients que la majeure partie de l'or dont fait commerce l'Ouganda provient d'une zone de conflit au Congo et que cet or a très probablement été exporté illégalement. »

Interrogé sur ses achats d'or à Kampala, le groupe suisse Metalor a affirmé que l'or qu'il se procurait sur le marché de Kampala « avait une origine légale ». Selon HRW, c'était omettre un détail d'importance : tous les professionnels du secteur savent que l'Ouganda n'a que très peu de réserves aurifères nationales. Les statistiques d'exportation d'or établies par la Banque de l'Ouganda montrent bien ces disparités : à l'exportation, le pays ne déclarait que des valeurs de moins d'un million de dollars pour la période 1993-1994. Le montant a soudain explosé, pour atteindre 12 millions l'année suivante, puis un record de 110 millions pour 1996-1997, à la chute de Mobutu [4].

En Ouganda, la production d'or est pourtant restée insignifiante. « Une part significative de l'or acheté par la compagnie a très certainement été extraite au Congo », conclut HRW, et importée frauduleusement. Metalor devait en effet être au courant de la situation, d'autant que la presse suisse relatait depuis 1999 les risques de liens entre achats d'or issu de la région des Grands Lacs et financement de conflits armés [5].

Le rapport de HRW dresse le bilan des dernières importations de ce prétendu or ougandais vers la Confédération helvétique. D'après des experts de l'industrie à Kampala, plus de 70 % de l'or exporté à partir de l'Ouganda est destiné à la Suisse, qui figure parmi les principaux partenaires commerciaux du pays. Le rapport précise même que ces transactions ont augmenté très nettement entre 1999 et 2002 [6]. Il s'agit là d'une période charnière pour la contrebande en RDC : de 1999 à 2001, les soldats de l'armée ougandaise qui occupaient l'Ituri ont fait main basse sur l'or, en particulier dans les mines de Gorubwa, Durga et Agbarabo.

Les experts des Nations unies ont par ailleurs souligné que, « selon les négociants en or basés à Kampala, le succès de l'Ouganda, comme plaque tournante du transit de l'or congolais, n'est pas un hasard. Jusqu'en 1994, l'achat d'or était un monopole de la Banque de l'Ouganda. De ce fait, l'or congolais était passé en contrebande au Kenya où son commerce avait déjà été libéralisé. Le gouvernement ougandais a décidé en 1994 de libéraliser lui aussi ce commerce, d'abolir l'impôt de 3 à 5 % sur les exportations d'or et de lever toutes les restrictions administratives imposées aux comptoirs de vente d'or. Kampala est rapidement devenu le point de transit de l'or congolais venant de l'Ituri [7] ». Un réseau de trafic d'or mené par seulement une dizaine de Congolais permettait de faire passer en fraude plus de 200 kilos d'or par mois, pour les revendre sur le marché de Kampala [8].

Dans une déclaration publique du 20 mai 2005, le groupe Metalor Technologies a finalement affirmé que la compagnie n'accepterait plus de livraisons supplémentaires de l'Ouganda tant qu'elle n'aurait pas une vue claire de la position du pays et des statistiques en matière de production et d'exportation d'or. « Ce genre de belles déclarations ne vaut rien si elles ne sont pas accompagnées de mise en pratique », déplore la spécialiste Anneke Van Woudenberg, de HRW.

J'ai tenté de mon côté d'obtenir des explications de la part de Fredy Hiltmann, responsable financier de la multinationale de raffinage. Ce dernier s'est dit « fâché » contre les accusations de HRW, basées sur des informations « incorrectes et partielles ». Je lui ai alors demandé quels étaient les liens de Metalor avec Machanga Ltd, une des plus importantes sociétés d'exportation après Ouganda Commercial Impex Ltd, dénoncée par les experts de l'ONU pour ses trafics d'or extrait illégalement de l'Ituri. L'enquête menée sur place par HRW auprès de représentants de Machanga concluait que cette société « exportait tout son or à Metalor Technologies ». Réponse de Fredy Hiltmann : « Je rappelle que Machanga représente l'un des trois principaux fournisseurs officiels reconnus par le gouvernement ougandais. OK, la situation sur place est difficile. Nous ne sommes quand même pas responsables de ce que font les autorités en Ouganda. Tout ça, le rapport de HRW et les articles parus dans la presse ne l'ont pas noté. Ils n'ont pas livré d'indications concrètes. De même, ils n'ont pas relevé l'importance du travail des quelque 20 000 orpailleurs ougandais. Leur activité a été passée sous silence. Si nous ne faisons plus rien, qu'est-ce qui va se passer pour les Ougandais et leurs familles qui là-bas vivent de ce business ? »

Le responsable à fibre humaniste ne donnera pas de chiffres sur ses importations d'or de la région des Grands Lacs. La firme suisse ne fera pas non plus d'enquête interne, comme elle l'avait pourtant promis début 2005 : « Si vous voulez des enquêtes, vous pouvez aller vous-mêmes en Ouganda ou au Congo pour vérifier », assène Hiltmann. Bref, la société de raffinage ne peut garantir qu'une chose : « Metalor suivra toute instruction des autorités fédérales ou de l'ONU. »

L'ONU produit bien des rapports et décrète des embargos, mais ne contrôle pas la situation en RDC. Elle délivre tout au plus des avertissements ou des recommandations non contraignantes pour les sociétés privées occidentales, voire des demandes de sanctions qui ne sont pas suivies d'effet.

Quant aux autorités suisses, elles se sont murées dans un épais silence depuis le début de cette affaire. Anneke Van Woudenberg en sait quelque chose : cette spécialiste de HRW pour la région des Grands Lacs me raconte comment elle s'est fait promener par le secrétariat d'État à l'Économie, les différents offices du ministère des Finances ou des Affaires étrangères. Comment faire pression sur Metalor, pour que cessent les achats d'or sale ? « Nous avons demandé [au secrétariat d'État] ce qu'ils envisageaient pour exiger un minimum d'éthique de la part des entreprises suisses. Ils ont rétorqué que ce n'était pas de leur ressort. [...] Ils nous renvoyaient aux différents services. On avait l'impression qu'ils se refilaient une patate chaude. »

Une patate chaude, en effet : la filière suisse de l'or africain a pendant longtemps été dirigée et orchestrée par les trois plus importantes banques du pays : la Société de banque suisse (SBS), le Crédit suisse et l'Union de banques suisses (UBS). Metalor était une ancienne filiale de la SBS, de 1918 à 1998 [9]. S'attaquer aux intérêts des grandes banques, c'est s'attaquer aux fondements mêmes de la politique extérieure de la Confédération helvétique : ses principales orientations sont dictées depuis des décennies par la place financière suisse.

La fusion est d'autant plus forte que le système politique suisse pratique le mélange des genres. Bon nombre de dirigeants d'entreprises et de membres de conseils d'administrations de multinationales jouent un double rôle de leaders économiques et de députés à Berne, plastronnant parmi les élus. Un exemple : le Thurgovien Ernst Mühlemann, qui cumulait les fonctions de directeur à l'UBS, de conseiller national du parti radical-démocratique (de 1983 à 1999) et de président de la Commission des affaires extérieures. On l'a longtemps qualifié de « ministre dans l'ombre des Affaires étrangères ».

Raffinage, ports francs & paradis fiscaux

Le commerce de l'or africain a contribué à installer la Suisse – après qu'elle eut fait fortune pendant la Seconde Guerre mondiale avec l'or nazi – au hit-parade des trois États les plus riches de la planète. Sur les douze entreprises européennes de raffinage agréées par la London Bullion Market Association pour la vente de lingots sur le marché mondial, cinq sont basées dans le pays de Guillaume Tell : l'or y est coulé, nettoyé, purifié, raffiné à 999,9 pour mille, garanti « Made in Switzerland ». Les experts estiment à plus de 1 000 tonnes la quantité d'or nouvellement extrait entrant chaque année sur le territoire de la Confédération helvétique. Cet or vient principalement d'Afrique du Sud et de Russie, mais aussi du Ghana, du Mali, ou de la région des Grands Lacs, toujours en proie aux violences.

Depuis des décennies, face au géant nord-américain et aux anciennes puissances coloniales, la petite Suisse « a su percer : elle a un bon système bancaire. La monnaie est totalement libre et convertible. La possession d'or privé n'est soumise à aucune contrainte et est totalement anonyme. L'importation et l'exportation du métal sont libres, le niveau des taux d'intérêts est bas, les pratiques bancaires sont saines et le fisc est quasi inexistant », explique dans les beaux quartiers de Lausanne la société Micheloud & Cie, qui offre dans ses bureaux cossus des services de conseil financier aux richissimes étrangers et aide à « investir dans l'or depuis la Suisse » [10].

Pour couronner son système de captation des richesses internationales, qui mêle sociétés-écrans, paradis fiscaux et secret bancaire, la Suisse s'est dotée de plates-formes offshore : les zones franches suisses. Seize ports francs sont répartis entre Zurich, Bâle, Chiasso et Genève, dotée de 140 000 mètres carrés d'entrepôts près de la frontière française et de l'aéroport international. Ils sont régulièrement dénoncés par Interpol pour leur implication dans divers trafics : momies égyptiennes ou caviar russe de contrebande. Là, « pas de taxes ni impôts. Une sorte d'extraterritorialité. C'est comme si les marchandises ne faisaient qu'effleurer le pays », analyse Damien Millet, président de la section française du Comité pour l'annulation de la dette du tiers-monde. La valeur des diamants bruts transitant par les ports francs a presque triplé depuis la mise en place du processus de Kimberley [11] : plus de deux milliards de dollars [12]. L'or africain emprunte les mêmes circuits, comme l'a démontré HRW.

Le 26 juillet 2005, un autre rapport des experts du Conseil de sécurité de l'ONU détaillait les transactions de l'entreprise suisse d'affinage Argor-Heraeus SA, elle aussi reliée au marché interlope de Kampala [13], elle aussi ancienne filiale d'une grande banque suisse : Argor-Heraeus était détenue à 75 % par l'UBS jusqu'en 1999. Argor représente une entreprise d'envergure : elle peut raffiner jusqu'à 400 tonnes d'or par an.

C'est en examinant dans le détail les comptes et les instructions bancaires des négociants ougandais intervenant dans ce trafic que le groupe d'experts rattachés à l'ONU a pu reconstituer à titre d'exemple toute une succession de transactions commerciales : « Le regroupement de nombreuses petites quantités d'or sorties d'Ituri, pour une valeur de 1,3 million de dollars ; la vente de cet or à un négociant basé à Kampala ; enfin, la vente de la même quantité d'or à la société de commerce Hussar Ltd, basée à Jersey, dans les îles anglo-normandes, et la commande d'Argor Heraeus SA qui s'ensuivait [14]. »

En réponse, la firme suisse a envoyé un démenti sous forme de communiqué, dans lequel la direction précise entre autres qu'« Argor-Heraeus soutient en effet de manière nette et claire tous les moyens qui peuvent réellement sauvegarder un commerce équitable et l'économie du peuple ougandais et congolais [15] ». À Washington, une source (qui préfère rester anonyme) m'a confirmé point par point tous les éléments à charge concernant les liens commerciaux d'Argor, ajoutant que, dans le dossier constitué par le groupe d'experts, elle avait vu passer une pièce à conviction intéressante : un billet d'avion établi au nom d'une firme helvétique liée aux chargements d'or litigieux expédiés d'Ouganda. La destination ? Une petite ville suisse, dotée d'un port franc.

Ces documents n'ont malheureusement jamais été divulgués par l'ONU. Étaient-ils vraiment trop compromettants ? Toujours est-il qu'un dernier rapport des experts du Conseil de sécurité publié le 27 janvier est finalement venu confirmer les responsabilités d'Argor-Heraeus [16]. Il demande explicitement des sanctions contre la firme tessinoise. « La direction d'Argor-Heraeus ne pouvait pas ne pas être au courant des avertissements des Nations unies concernant les risques liés à l'achat d'or dans la région », nous rappelle Rico Carisch, expert suisse au Conseil de sécurité. Réagissant à cette nouvelle menace de sanctions, Argor s'en tint encore à sa position habituelle en réfutant les faits qui lui étaient reprochés [17].

Pour les défenseurs des droits de l'homme, le rapport onusien est accueilli comme un pas en avant : « Il est donc désormais possible qu'une entreprise suisse soit soumise à des sanctions par le comité compétent du Conseil de sécurité », note Michael Duttwiler, juriste à l'Association suisse contre l'impunité, parlant au nom de la Coalition suisse pour la Cour pénale internationale. Beaucoup d'observateurs n'y croyaient plus, estimant que l'ONU se limiterait à épingler des revendeurs africains ou des sociétés intermédiaires établies en offshore. Annoncées, les sanctions effectives que les Nations unies pourraient imposer restent toutefois à définir. Elles n'ont toujours pas été précisées à ce jour.

Rien n'a été entrepris au niveau du gouvernement helvétique à l'intention d'Argor-Heraeus. Avec ses hauts murs et ses barbelés, l'usine de raffinage Argor-Heraeus de Mendrisio (Chiasso) ressemble à une forteresse blanche. C'est d'ici que sortent des lingots d'excellente facture : ils sont acceptés sur les marchés de Londres, Tokyo, New York… « Sa marque de fabrique est reconnue dans le monde entier », précise à Lugano l'Association des industries tessinoises. Mais voilà qu'un rapport de l'ONU met en cause la pureté de cet or suisse.

Cette affaire éclabousse du beau linge : Argor-Heraeus est aujourd'hui détenue pour 26,5 % par la Commerzbank

(Luxembourg et Allemagne), l'un des principaux établissements bancaires dédiés au commerce de métaux précieux : or, argent, platine, palladium. 24,3 % des parts sont attribuées à la société Münze Österreich AG, grand producteur de pièces et médailles : Münze Österreich AG est une filiale à 100 % de la Banque nationale d'Autriche. Le reste est partagé entre l'entreprise de raffinage allemande W.C. Heraeus International GmbH et la direction d'Argor. Dans son conseil d'administration siège un ancien président de la Confédération helvétique, Adolf Ogi (il n'a pas souhaité faire de commentaire sur cette affaire) ; il y côtoie le Dr Rudolf Duttweiler, qui occupe de très hautes fonctions à la Commerzbank, après avoir exercé ses talents pour SBS et le Crédit Suisse ; ainsi que son collègue de la Commerzbank Jürgen Lemmer, qui siège également au conseil d'administration de la Banque marocaine de commerce extérieur, en relation d'affaires avec bien des banques africaines ; Kurt Meyer est quant à lui directeur général de Münze Österreich ; Alfonso von Felten siégeait il y a encore quelques années au conseil d'administration de BDL (Banco di Lugano). Quant au directeur d'Argor-Heraeus, Ehrard Oberli, il fait du lobbying à Washington ou à Dubaï pour défendre le prix élevé du métal jaune. L'or est en effet une valeur refuge qui attire à nouveau les petits investisseurs, en particulier depuis les attentats du 11 septembre 2001 [18].

Apartheid, banques suisses & famille Oppenheimer

La proximité entre raffineurs et grandes banques commerciales n'a rien d'étonnant. Il faut remonter un demi-siècle plus tôt pour comprendre à quel point l'alliance est efficace. Depuis les années 1950 et pendant toute la période de l'apartheid, SBS, UBS et Crédit suisse ont en effet représenté, pendant presque quatre décennies, parmi les plus gros investisseurs des compagnies minières exploitant le sous-sol du continent noir. Regorgeant de capitaux, la place financière suisse est alors à la recherche de valeurs sûres. L'Afrique du Sud, premier producteur d'or mondial, offre un excellent parti.

Avec un pied dans les mines sud-africaines et un autre dans les usines d'affinage Metalor et Argor, le circuit est bien rôdé. Dans les belles années, la place financière suisse importe à elle seule plus de 80 % de la production totale du géant sud-africain – avec un record de 805 tonnes en 1969. Sous le régime de l'apartheid, la main-d'œuvre noire compte parmi les moins chères du monde. L'or est extrait à un prix particulièrement avantageux : au fond des puits et des galeries, les ouvriers subissent un rythme de travaux forcés. « Pour mettre à jour cette mince couche d'or gisant à une profondeur allant jusqu'à plus de 3 500 mètres, le procédé est atroce et coûteux. 500 mineurs chaque année sont tués dans des accidents sous terre », note Timothy Green. Les mouvements syndicaux y sont interdits, ou vite réprimés.

Quelles étaient les relations économiques entre la Suisse et l'Afrique du Sud entre 1945 et 1990 ? le rôle des banques suisses dans le financement du régime de l'apartheid ? l'importance des firmes suisses dans l'écoulement de l'or sud-africain ? Une recherche scientifique vient de le confirmer : la politique étrangère de la Confédération helvétique ne s'embarrassait nullement des sanctions internationales adoptées contre le régime raciste sud-africain [19]. L'historienne Sandra Bott décrit la mise en place dès les années 1950, puis 1970, d'une véritable politique d'investissements massifs (notamment les fameux *gold swaps*, prêts gagés sur la production d'or) en faveur du partenaire sud-africain. Au cœur de l'action, les milieux financiers suisses, et l'appui notamment de l'UBS, très liée à la compagnie Anglo-American. Avec le commerce du diamant, celui de l'or constitue l'élément central de ce rapprochement [20]. La collaboration des banques suisses avec le régime de Pretoria donne aussi accès aux richesses minières du Zimbabwe, de la Namibie ou de l'Angola.

« L'intensification des liens financiers entre les deux pays se confirme par la création en 1968 du “Pool de l'or” zurichois par l'UBS, le Crédit suisse et la SBS. Il va commercialiser une part importante de l'or sud-africain et permettre le déplacement du marché de l'or de Londres à Zurich », souligne Sandra Bott. Plusieurs subterfuges permettent aux autorités helvétiques de poursuivre leur politique de collaboration avec Pretoria en masquant à la communauté internationale l'importance des importations suisses d'or africain : la mention d'origine « Afrique du

Sud » est fondue dans une nouvelle catégorie, baptisée « Rest of Europe ». Les statistiques fédérales d'importation d'or par pays sont ensuite classées confidentielles. Une partie des importations transite aussi par des paradis fiscaux des Caraïbes, ce qui permet aussi d'alimenter le marché américain. Le même artifice a servi pour les importations suisses de diamants et de pierres précieuses : à la fin des années 1980, la Suisse faisait venir plus de 20 % de ses gemmes non pas d'Afrique du Sud, mais des Bermudes, pour des valeurs dépassant 600 millions de dollars annuels [21].

Des capitaux et des connaissances technologiques poussées, il en fallait énormément pour faire tourner l'extraction de l'or en Afrique du Sud : la configuration des gisements y est exceptionnelle. On n'y ramasse pas de pépites, mais des poussières d'or, « une masse incalculable de minerai à faible teneur d'or qui s'allonge en arc de cercle » sur des dizaines de kilomètres aux alentours de Johannesburg. « Aucun chercheur individuel ne put exploiter les mines d'or d'Afrique du Sud. Le fait que les récifs porteurs d'or plongeaient sous la terre, à un angle d'environ 25°, après avoir affleuré vers Johannesburg, ne laissait place qu'à des grandes compagnies, seules capables de rassembler des capitaux et des spécialistes pour exploiter ces mines en profondeur. Même dans les années 1890, l'ouverture d'un nouveau chantier revenait à plus de 2 millions de dollars. Il faudra 95 millions de dollars au cours des années 1960 pour exploiter une mine comme Wine Deep Levels, profonde de 4 000 mètres. »

Les règles du jeu étaient déjà fixées à la fin du XIXe siècle, au moment de cette découverte : « Seuls ceux qui avaient des capitaux purent participer à l'exploitation. Les diamantaires de Kimberley établirent rapidement un contrôle. » On retrouve des grands noms dans la formation des premiers géants miniers sud-africains : les Rothschild, actifs depuis deux siècles déjà dans le commerce de l'or, ouvrent le tout premier comptoir, baptisé Corner House ; le sanguinaire administrateur colonial et homme d'affaires britannique Cecil Rhodes, avec Gold Fields of South Africa (aujourd'hui Goldco, dans le peloton de tête des trois premiers producteurs mondiaux) ; Sir Ernest Oppenheimer, avec Anglo-American en 1917 – un nom de holding qui rappelle les pays d'où les financements initiaux sont venus. Les actionnaires apportèrent aussi les fonds nécessaires au développement de l'industrie, puis les compagnies d'assurances et les sociétés d'investissement.

L'or devient rapidement la première ressource du gouvernement de Pretoria. Elle le restera pour longtemps, avec le diamant. « Cette industrie contrôle une position unique dans le monde, une position qu'aucune autorité monétaire – toujours axées sur l'or – ne peut ignorer, pas plus que des politiciens dont l'intention est d'amener par des sanctions la fin de la politique raciale de l'Afrique du Sud. » C'est sur ce modèle de gigantisme que s'aligne aujourd'hui la poignée de *majors*, ces géants de l'extraction aurifère, qui font systématiquement main basse sur tous les gisements aurifères africains.

Coté aux Bourses de Londres, Johannesburg et Paris, avec une capitalisation de plusieurs milliards de dollars, AngloGold a aussi des activités notoires dans d'autres secteurs, outre le charbon et la finance : le président de son conseil d'administration n'est autre que Nicky Oppenheimer (fils d'Ernest), président de la multinationale De Beers, qui contrôle le marché mondial du diamant. Au moment de la création d'AngloGold il y a dix ans, des analystes s'inquiétaient encore, invoquant « le manque de transparence des bilans ainsi que les innombrables participations croisées de l'Anglo, dont personne n'est vraiment en mesure d'expliquer les arcanes ». Les imbrications d'AngloGold avec les autres groupes miniers sud-africains restants (Goldco, JCI et Angloval) permettent « à des actionnaires minoritaires sud-africains, comme la famille Oppenheimer, de tenir tous les leviers de commande [22] ».

François-Xavier Verschave avait commencé à explorer cet univers déconcertant : « La famille Oppenheimer est considérée comme "ouverte" : elle s'est clairement opposée à l'apartheid, tout en en profitant. Le conseil d'administration d'AngloGold est lui aussi très ouvert sur la haute finance anglo-saxonne. Il comporte ainsi un *managing director* de JP Morgan (New York), Franck Arisman ; un vice-président de NM Rothschild, Russel Edey ; et le président de Prudential Asia Investments (Hong-Kong). JP Morgan, banque fondatrice et gestionnaire d'Euroclear, à Bruxelles, est le leader mondial des sociétés de *clearing* (compensation). C'est dire que l'argent d'AngloGold bénéficie, grâce aux conseils d'Arisman, d'une faculté de circulation exceptionnelle, notamment dans toutes les filiales bancaires situées dans les paradis fiscaux. L'argent de l'or se mêle aussi à celui des diamants, un marché sur lequel De Beers est de loin le premier opérateur mondial. Un marché sur lequel l'argent non déclaré est une très vieille constante : le diamant a servi, et continue de servir, d'alternative à la monnaie officielle. » Tout comme l'or, qui est aussi un des principaux vecteurs du blanchiment.

L'entité « compagnie minière » dont les ONG de défense des droits de l'homme et de l'environnement observent depuis des années les agissements sur le continent noir n'est que la partie émergée de tout un ensemble d'activités et de montages financiers. Il faut compter avec la forte tendance aux rachats de sociétés minières de taille plus modeste (les *juniors*), qui agissent en explorateurs. Ce sont elles qui prennent les risques sur de nouveaux projets miniers. Si le projet est concluant, les *majors* rachètent aussitôt des parts. Prises de participations croisées et fusions viennent encore compliquer l'organigramme. Et en amont, les ramifications sont elles aussi multiples. Les sociétés s'emboîtent les unes dans les autres comme des poupées gigognes. Il faut atteindre le noyau central : le holding.

Sa puissance financière inouïe et les hautes personnalités qui composent sa direction expliquent pourquoi il est si délicat de mettre en cause l'actuelle compagnie minière AngloGold Ashanti (née de la fusion récente entre AngloGold et Ashanti Goldfields Corporation) pour son soutien présumé à des milices armées en RDC, comme l'a fait le rapport de HRW en 2005. Tout comme il est délicat de mentionner qu'en 2006, au Ghana, « AngloGold a fait chasser les villageois pour exploiter une mine d'or. Six villageois sont morts, empoisonnés par des vapeurs de cyanure », comme le consigne l'Observatoire des transnationales.

Derrière AngloGold, se cache un empire financier au chiffre d'affaires de plus de 36 milliards de dollars, employant 200 000 personnes dans le monde entier [23]. Cet empire s'appelle Anglo-American PLC, holding britannique propriétaire à 45 % de De Beers. Anglo-American PLC a son siège au 20, Carlton Terrace à Londres. Il préside aux destinées de centaines de sociétés dans le monde. Il faut des colonnes entières dans le *Who Owns Whom* pour lister ses filiales.

Le pouvoir de cet empire est tel que même les experts du Conseil de sécurité des Nations unies ou les ONG préfèrent escamoter son nom quand ils parlent de la RDC, et ne pas rendre publics les documents qui le concernent. « Le rapport de HRW omettait de dire qu'AngloGold Ashanti est associée à Anglo-American, propriété de la famille Oppenheimer et associée à Barrick Gold, basée au Canada. Sir Mark Moody-Stuart, l'un des dirigeants d'Anglo-American, est également directeur de Royal Dutch-Shell et membre du comité consultatif du secrétaire général de l'ONU, Kofi Annan. » Dans un article incendiaire, les deux journalistes indépendants Keith Harmon Snow et David Barouski estiment que le rapport de HRW a ainsi supprimé les preuves les plus accablantes, pourtant découvertes par ses propres chercheurs : « AngloGold Ashanti a envoyé ses meilleurs avocats à l'est de la RDC pour assister les chefs de la milice rebelle arrêtés là-bas ». Autre grief : « Plusieurs compagnies minières multinationales ont rarement – voire jamais – été mentionnées dans un quelconque rapport émanant des organisations de défense des droits de l'homme. L'une d'entre elles est Barrick Gold. Elle opère dans la ville de Watsa, au nord-est de la ville de Bunia, située dans l'un des coins les plus violents du Congo. Les Forces de défense du peuple ougandais (l'UPDF) y ont exercé par intermittence durant la guerre le contrôle des mines. À Bunia, les fonctionnaires soutiennent que les directeurs de Barrick Gold sont arrivés dans la région escortés par les troupes rwandaises (Front patriotique rwandais, FPR) et ougandaises (UPDF) pour expertiser et inspecter leurs intérêts miniers [24]. »

Snow et Barouski décrivent les réseaux en présence, et leurs relations étroites avec les milieux de la finance, de l'industrie de l'armement, des services de renseignements occidentaux, de sociétés de mercenaires, de l'agence américaine de coopération USAID, et même d'organisations de défense de l'environnement faisant du lobbying pour classer certains territoires en zones d'accès limité, qu'il sera plus facile ensuite d'exploiter en toute discrétion.

Des affaires atomiques : or, uranium, CIA

À bien des égards, l'activité des multinationales minières est un cocktail explosif : « Le groupe minier de type nouveau est donc une architecture financière passant par les bourses nord-américaines, surtout Vancouver et Toronto, qui contracte parfois des alliances avec des conglomérats comme De Beers, et avance aux côtés de nouveaux responsables politiques comme MM. Kabila ou Museveni, à l'aide de mercenaires dotés d'équipements dignes de petites armées modernes. Il y a chez certains de ces acteurs de la mine africaine un peu de la *junior company* (une société peu capitalisée, qui joue son avenir boursier et technique sur un pari) ; et beaucoup de militarisation de l'activité économique, dans la capture de territoires miniers. ».

On sait que la région des Grands Lacs est aussi le théâtre depuis des années d'un vaste trafic de minerais stratégiques essentiels à l'armement, l'aéronautique et à la fabrication de matériel de télécommunication. « L'ex-Zaïre donne un avant-goût des nouvelles stratégies minières dans une Afrique incertaine, entre transition démocratique et libéralisation économique. Le Congo "démocratique" dispose des deux tiers des réserves mondiales de cobalt, du dixième du cuivre, du tiers du diamant, ainsi que d'un potentiel appréciable d'or, d'uranium et de manganèse. Quelques figures illustrent les positions des acteurs miniers, comme celle de M. Maurice Templesman, un ami du maréchal Mobutu, qui aura brassé cuivre et diamant, y mêlant la politique internationale : il avait su persuader l'ex-président démocrate américain M. James Carter que le meilleur gardien du trésor congolais – bien qu'aussi son voleur – restait bien le maréchal Mobutu. La CIA avait alors son principal bureau africain à Kinshasa : ses agents, héritiers de la lutte contre l'ancien Premier ministre nationaliste Patrice Lumumba, représentaient des acolytes des diamantaires pour leurs opérations d'extraction et d'exfiltration. » [25]

On peut en effet trouver un point commun à l'ex-Zaïre, l'Afrique du Sud, l'Angola riche en pétrole et en diamants, et le Ghana second producteur africain pour l'or : la CIA. Ce sont des opérations de la CIA, alors sous la direction de George Bush senior, qui ont conforté Mobutu au pouvoir, soutenu l'Afrique du Sud pour déstabiliser l'Angola, mené le pays à une guerre civile qui devait durer vingt-sept ans ou liquidé l'ancien président ghanéen Kwame Nkrumah, mal-aimé de la Maison-Blanche pour ses positions anti-impérialistes [26]. Un autre minerai névralgique explique les interventions constantes des puissances occidentales et de leurs services secrets dans la région, depuis plus de cinquante ans : l'uranium.

« Dans les minerais, l'or est très souvent présent sous forme métallique (état natif), fréquemment allié à l'argent, souvent au cuivre, parfois au bismuth, également souvent associé à l'uranium », explique un rapport sur l'or réalisé par la Société française de chimie [27]. La mine de Vaal Reefs, la plus importante d'Afrique du Sud (195 kilos d'or par jour), produit également de l'uranium : environ 1 700 tonnes par an. Cette mine est exploitée par le groupe Anglo-American, qui contrôle 40 % de la production d'or sud-africaine. Anglo-American est également le premier producteur national d'uranium.

L'extraction conjointe d'or et d'uranium a commencé dans les années 1950 en Afrique du Sud, avec l'appui massif de capitaux anglais, américains et suisses. Elle a culminé pendant l'apartheid, puis dans un contexte de guerre froide. Cette double exploitation, ravageuse pour l'environnement, se retrouve aujourd'hui dopée par une hausse des cours sur le marché international, et défendue par de puissants lobbies pro-nucléaires [28].

L'uranium, sous-produit stratégique

« L'uranium est la carotte qui danse devant nos yeux. Nous espérons la grignoter élégamment. » L'homme qui tient ses propos s'appelle W. S. Rapson, conseiller à la Chambre des mines de la République sud-africaine. Nous sommes dans les années 1950 et le gouvernement de Pretoria cherche un moyen d'améliorer la rentabilité de ses nombreuses mines d'or, élément moteur de toute son économie.
L'idée d'utiliser comme sous-produit de l'uranium obtenu à partir de la boue de minerai résiduelle de l'extraction aurifère est mentionnée pour la première fois. Les contrats sont alors conclus avec le Comité de l'énergie atomique sud-africain. Ils inaugurent une ère nouvelle, où lobby nucléaire et lobby de l'or se soutiennent mutuellement. Le premier « boom miniature » sur l'uranium a bien lieu au milieu des années 1950, quand les États-Unis et la Grande-Bretagne, désireux de se constituer une réserve d'uranium à des fins stratégiques, signent des accords à long terme avec l'Afrique du Sud. Vingt-trois mines d'or extraient de l'uranium comme sous-produit. Trois mines furent même classées

comme « produisant de l'uranium avec l'or comme sous-produit », note le spécialiste Timothy Green.
À l'université de Lausanne, l'historienne Sandra Bott se souvient ainsi d'« un document daté du 2 octobre 1952 qui concerne un accord secret entre le gouvernement sud-africain, les États-Unis et la Grande-Bretagne pour l'exploitation et la livraison d'uranium à ces deux derniers pays ». D'autres pays ont-ils participé à la ruée vers l'uranium ? Oui : la Suisse. « La place financière et les industriels helvétiques ont investi dans les mines d'or également riches en uranium et cela dès la fin des années 1940 », précise l'historienne.
Les transactions s'accélèrent à tel point qu'au début des années 1960 les besoins d'uranium à des fins militaires sont comblés pour les deux pays anglo-saxons. Après la course à l'armement atomique, Pretoria se tourne vers un nouveau marché : les stations nucléaires civiles. Le lobbying or-uranium continue : dès les années 1970, la Chambre des mines élabore « un grand plan de vente afin de donner à l'industrie sud-africaine toutes ses chances dans un monde qui se transforme en puissance nucléaire [...]. Déjà, l'Allemagne de l'Ouest et la Suisse négocient avec la Chambre des mines. La Suisse seule pourrait absorber un quart de la production annuelle d'uranium de l'Afrique du Sud si elle entreprend sur une grande échelle un plan de recherches nucléaires », rappelle Timothy Green.
Trente ans plus tard, après la catastrophe de Tchernobyl et une période d'essoufflement, le double lobby « commerce de l'or » et « tout-nucléaire » affiche à nouveau une santé resplendissante. Le cours de l'uranium s'envole. L'or reste toujours très convoité, et les marchés asiatiques (Inde, Chine...) garantissent une demande en constante expansion. Les projets d'extraction conjointe or-uranium se multiplient aussi en Afrique du Sud : Denny Dalton Project, Dominion Uranium Project...

La place financière suisse, qui a fait fortune avec le commerce d'or extrait d'Afrique du Sud, du Ghana, ou du Zaïre de Mobutu, est de nouveau de la partie : Dominion Uranium Project a été lancé par la firme SXR Uranium One Inc., soutenue par les grandes banques suisses. UBS a notamment fourni deux rapports de recherche, en novembre 2005 et mai 2006, servant à la « présentation de marché » d'Uranium One, note la société SRK Consulting. Le Crédit suisse aurait avancé quelques millions de dollars dans l'aventure, selon l'un de ses rapports d'investissements datant d'octobre 2006.

Le marché de l'uranium reste encore modeste : 5 milliards de dollars contre 57 milliards pour l'or en 2005, note un spécialiste de la banque privée genevoise Arthur Gonet. Mais aujourd'hui, avec la hausse des prix du pétrole et la résurgence de l'énergie nucléaire, « la nouvelle devise du marché, c'est : "Acheter et constituer des stocks d'uranium pour le long terme" », conseille une revue sur les matières premières. Propulsée par des capitaux occidentaux, la ruée sur l'uranium ne fait que recommencer.

Les travaux d'extraction se poursuivent à un rythme intense, sous la conduite d'une poignée de *majors*, tandis que la prospection, soutenue par tous les types d'investisseurs, est réalisée par les *juniors*. Dans le cas de l'uranium, « les budgets sont en ébullition », signale la banque Gonet. Actuellement, six compagnies produisent plus des trois quarts de l'uranium dans le monde. Cameco et ERA (filiale de Rio Tinto) détiennent environ 20 % du marché et Areva 12 %. Toutes trois sont également actives dans l'exploitation de l'or.

V. La part de la Françafrique

Razzias coloniales

15 rue La-Pérouse, 16e arrondissement de Paris. Dans le beau quartier des ambassades, ministères et hôtels particuliers, siège la vénérable Académie des sciences d'outre-mer, fondée en 1922. On passe la lourde porte, on entre. Tapis rouge sur les escaliers, bustes d'amiraux ou d'explorateurs, peintures exotiques nous replongent dans un autre âge : celui de la France des colonies. Au deuxième étage, « la bibliothèque dispose d'un fonds exceptionnel sur les pays d'outre-mer, notamment sur les territoires français actuels et anciens », explique le guide. On trouvera ici une multitude de rapports d'administrateurs, de géologues, de prospecteurs, de missionnaires, puis des premiers coopérants internationaux et économistes qui se sont penchés sur le cas du continent noir, dès le début des indépendances. Souvent, pour dire que « l'Afrique noire est mal partie [1] ». Ce ne sont toutefois pas les ressources qui manquaient. C'est précisément à cause de ces richesses que l'Afrique a été envahie et occupée par les puissances occidentales – dont la France. Avant le diamant, l'or est le premier minerai recherché par les prospecteurs [2].

Les documents déposés à l'Académie des sciences d'outre-mer montrent même que cette passion pour l'or confinait à l'obsession. Bien avant les premières cargaisons d'or rapportées d'Afrique de l'Ouest en 1441 par les Portugais, ce sont « des navigateurs français de Dieppe et Rouen qui, dès 1360, avaient trouvé dans le golfe de Guinée l'or et l'ivoire, origines des noms des deux colonies côtières d'Afrique occidentale [3] ».

Avec la découverte des Amériques, « la soif de métaux précieux va pouvoir s'étancher à l'échelle des immenses continents offerts à la frénésie exploratrice » qui s'empare des Européens. « L'esprit de conquête domine et avec lui le désir d'acquérir des richesses par le pillage et la rapine [4]. » L'or sera lié à l'histoire de l'esclavage, de la corvée et des travaux forcés, d'un côté comme de l'autre de l'océan Atlantique. Dans cette chasse au trésor, la France n'est pas en reste. Des explorateurs français identifient dès 1698 le potentiel de la région du Bambouk. C'est aussi le Français Bonnat qui, « avec son compatriote Vérillon [...] constitue une première compagnie minière [5] » en Gold Coast (l'actuel Ghana), dans le fameux district de Tarkwa.

Il faut faire vite, et rester vigilant : « Alléchés par le profit que l'exploitation de tels gisements pouvait donner, deux Américains demandèrent la concession des mines, qui leur fut sagement refusée, Napoléon III voyant là une cause d'influence américaine sur le continent africain [6]. » Mais le partage du « gâteau africain » qui fait suite à la conférence de Berlin en 1885 a donné un avantage incommensurable aux Anglo-Saxons, qui tirent le gros lot des réserves aurifères : ils sont présents en Afrique du Sud, ils occupent aussi la Gold Coast. Les Français ne rattraperont jamais ce handicap, ni leur retard technologique dans ce secteur.

La production française a pourtant débuté dès les premières années d'occupation militaire, comme en 1887 en Côte d'Ivoire. À Madagascar, l'or est aussi le premier de tous les minerais exploités. La découverte du précieux métal remontait en fait à 1845, mais « la reine Ranavalona Ire, atteinte de xénophobie, et craignant un afflux de chercheurs d'or, interdit toute recherche minière sous les peines les plus sévères, et cette décision fut strictement maintenue par ses successeurs [7] ». La situation change dès l'arrivée des Français. Dans les années 1887-1893, la Compagnie occidentale de Madagascar, fondée par M. Suberbie, obtient de vastes concessions : 15 000 hectares dans la région de Boeni, employant « 20 000 indigènes se livrant au lavage des sables aurifères [8] ». Madagascar produit 395 kilos en 1899 [9]. Les extractions annuelles atteindront bientôt 3,7 tonnes. En Guinée, pays qui a « de tout temps fourni de l'or », les autorités coloniales commencent « à donner des permis de recherche en 1901. De 1901 à 1908, il en fut délivré 395 couvrant une superficie de 2 450 000 hectares [10] ».

L'annexion de territoires africains entiers, riches en gisements, bat son plein. Dans cette course contre la montre, l'avantage revient toujours aux puissances anglo-saxonnes, qui ont déjà tiré des bénéfices colossaux de l'extraction de diamants et peuvent réinvestir massivement dans les mines d'or. Les Anglais ont déjà mis sur pied des centaines de compagnies minières viables dès les années

1900 pour la seule Afrique de l'Ouest, contre une poignée seulement pour la France.

De leur côté, géologues français et belges coopèrent [11]. L'or, ce « métal des dieux », fait l'objet des premiers rapports scientifiques sur le potentiel important des colonies francophones, du Sénégal à Madagascar, en passant par le Congo ou le Soudan. Ils exposent les méthodes d'extraction connues, les zones prioritaires à exploiter. L'avenir semble prometteur. L'extraction, très souvent facilitée par la nature des gisements, alluvionnaires, et par le sol latéritique. Il reste à résoudre certains points. D'abord, trouver des capitaux et des moyens techniques pour débuter une exploitation à l'échelle industrielle. Ensuite, améliorer les transports et moyens de communication. La question du climat inquiète aussi l'administration coloniale : il « ne permet pas à l'Européen des fatigues exagérées ». Les Blancs se limiteront à diriger les exploitations, encadrant une main-d'œuvre locale de Noirs, recrutés pour l'occasion. Il faudra les faire travailler dur, sachant que « le Noir est essentiellement paresseux [12] », mais aussi que des troubles pourraient éclater si l'on écarte trop brutalement les indigènes de ces gisements : ils les exploitent déjà de manière artisanale, « au moyen de procédés rudimentaires, mais pratiqués par eux depuis des siècles. Dans certaines régions, même, c'est le seul moyen d'existence ». La question du droit du premier occupant, et du droit séculaire, est posée. D'autres problèmes apparaissent déjà à cette époque : comment estimer de façon précise les quantités réelles extraites du sol africain ? Une partie échappe au contrôle de l'administration occupante en passant les frontières. Une autre échappe aux relevés statistiques des autorités nationales et locales, sur lesquelles on observe les divergences les plus absolues.

Survient la Première Guerre mondiale, qui ruine les jeunes compagnies minières françaises en Afrique, coupées dans leur élan. Le bilan de cette première génération d'extracteurs est certes prometteur, mais reste très en deçà des espoirs de la métropole. « À la vérité, la France d'outre-mer n'occupe qu'une place bien modeste parmi les pays producteurs d'or [13]. » Les statistiques publiées par l'Office colonial n'enregistrent qu'une production de sept à huit tonnes annuelles en moyenne entre 1902 et 1915, pour un total de presque 91 tonnes. C'est bien peu. Ce montant serait toutefois deux, quatre, voire, dans certains cas extrêmes, cinquante fois inférieur à la réalité, selon les périodes et les régions [14]. Inférieur, « car une substance d'une aussi grande valeur que l'or sous un aussi faible volume peut échapper aisément à la douane et il n'est pas douteux qu'elle lui échappe dans une large mesure, surtout en Guyane ; en outre, l'or extrait par les indigènes ne figure pas dans les statistiques d'Afrique occidentale [15] ».

Orpaillage, production clandestine, contrebande représenteront pendant des décennies le terreau fertile des opérations d'import-export d'or africain effectuées par certains réseaux d'affaires français, à destination de Paris ou de Beyrouth. En plus de marchands africains ambulants (les *dioulas*) qui tiennent le marché local de l'orpaillage indigène en Afrique de l'Ouest, « l'or est aussi acheté par l'administrateur du Cercle, et surtout par des commerçants, particuliers ou sociétés, principalement libano-syriens au Soudan et en Guinée ». De grandes sociétés françaises se portent également acheteuses d'or africain, pour autant qu'il soit vendu à bas prix.

La ruée vers l'or reprend dès les années 1920. Les autorités de la métropole veulent développer une prospection systématique dans tous les territoires africains sous domination française. Les services géologiques poursuivent frénétiquement ce que l'on appelle alors « l'exploration géologique dans les pays neufs [16] ». Ingénieurs des Mines et géologues recommandent « l'exploration détaillée, visant à des buts économiques ». En 1924, le bureau de l'Association française pour l'avancement des sciences note les percées de la Belgique, et l'appel fait aux établissements financiers pour qu'ils soutiennent la mise en valeur économique de la colonie du Congo. Il observe que, « parmi les régions géologiquement les moins connues, se trouve précisément celle de Kilo-Moto, réserve de l'État, dont les considérables richesses en or font l'objet d'une exploitation depuis seize années ». Il s'intéresse aux richesses du Katanga, « province […] qui a devant elle le plus brillant avenir minier ». La rivalité avec Anglais et Nord-Américains est, là aussi, source d'inquiétudes [17].

Sur toutes ces années 1920 et 1930, le constat est amer : la plupart de ces premières compagnies des mines ont périclité. Les raisons invoquées : manque de capitaux, pénurie de main-d'œuvre, difficulté d'acheminer sur place les dragues et machines d'extraction. Il fallait des pompes, des centrales électriques, des usines de broyage…

Nombre de spécialistes et d'administrateurs coloniaux ont tenté, en vain, d'alerter les autorités de la capitale : il y a quantité d'or dans les pays d'Afrique francophone – on s'en rend d'ailleurs compte aujourd'hui avec le Mali, troisième pays producteur depuis le début du XXIe siècle, grâce aux techniques d'extraction industrielle modernes. La métropole n'a pas assez soutenu financièrement les compagnies privées, ni développé suffisamment les infrastructures en Afrique pour que l'exploitation soit cohérente.

À Paris, le ministère des Colonies enregistre les évaluations de production suivantes pour l'année 1932 : 1 368 kilos pour la Guinée française, 10 kilos seulement pour la Côte d'Ivoire, mais 669 pour le Soudan occidental (l'actuel Mali), 478 pour l'Afrique-Équatoriale française et 301 à Madagascar. La production de tous les pays sous influence française, une fois cumulée, devenait intéressante, si l'on y ajoutait l'or guyanais et, surtout, l'orpaillage. Mais dans le même temps, la production des colonies sous influence anglo-saxonne avoisinait déjà 26 tonnes en 1932, contre 8,5 tonnes pour le Congo Belge. La France restait à la traîne [18]. La crise économique des années 1930 puis la Seconde Guerre mondiale donnèrent le coup de grâce.

L'orpaillage restera le principal moyen d'extraction des colonies francophones jusqu'en 1939 [19]. Cette politique coloniale à la française, jugée laxiste, irrite au plus haut point ceux-là mêmes qui, depuis Paris, auraient souhaité accroître la production. Si la France ne produit pas davantage d'or, qui représente la valeur refuge de l'économie privée et, une fois fondu en lingots, sert de monnaie universelle, elle encourt un « danger mondial [20] ». Comment la France peut-elle réagir, alors que la production d'or s'accélère dans les pays anglo-saxons (Afrique du Sud, Canada, États-Unis, Australie) ? L'exploitation française de l'or à l'échelle industrielle n'en est encore qu'à ses balbutiements. L'empire colonial manque cruellement de vision stratégique dans ce domaine, et doit combler son retard au plus vite.

De Gaulle & la ruée vers l'or

Quelques banques françaises se sont pourtant lancées dans l'aventure, avec plus ou moins de succès : la Banque Mirabaud ; la Banque de l'Indochine, qui en 1934 crée un holding, la Compagnie minière coloniale. Privilégiant le rendement rapide et l'autosuffisance de ses colonies, la France a préféré développer la filière des denrées coloniales plutôt que l'extraction minière nécessitant de lourds investissements. Même pour l'or, on peut dire que l'administration coloniale française est restée fidèle à sa vision globale du développement en Afrique : dépenser le strict minimum pour les infrastructures et industries sur place, et faire travailler à la pelle ou à la pioche les Noirs assujettis à la métropole. Les bras et la sueur des Africains ont suffi pour cultiver les champs de canne, récolter café, cacao, coton ou huile de palme. Ils feront aussi l'affaire pour les gisements, exploités en surface par des orpailleurs africains.

L'administration coloniale étudie donc « des méthodes de travail susceptibles d'améliorer le rendement des indigènes ». Mais l'irrégularité des gisements, la faible teneur en or, la difficulté du recrutement empêchent « toute exploitation européenne avec des moyens modernes ». On justifie finalement que « les procédés locaux » sont « bien adaptés aux conditions particulières de ce travail », d'autant que l'outillage très fruste utilisé (pioches, batées, calebasses) n'occasionne que peu de coûts supplémentaires.

La métropole regrette bientôt que son administration coloniale n'ait pas été plus ferme sur place avec les indigènes, leur octroyant trop de droits – et, pour résumer, trop peu de coups de trique. La gestion plus brutale des Anglais et des Belges est citée en exemple [21]. Dans les années 1940, l'empire français, toujours préoccupé du développement des exploitations d'or dans ses colonies africaines, veut resserrer les boulons. Des rapports accusent « l'activité indigène » qui « gêne et souvent empêche » l'extension des compagnies minières européennes. Il faut la limiter, la circonscrire, la soumettre à « un programme d'organisation administrative » pour mieux contrôler la production. Tout cela, sans pour autant décourager les orpailleurs traditionnels, qui fournissent encore la majeure partie de la production.

Même limitée, cette production reste stratégique. C'est même cet orpaillage traditionnel et cet or africain qui viennent financer pendant la Seconde Guerre mondiale le nouveau mouvement de résistance Forces françaises libres d'un certain Charles de Gaulle [22]. L'Afrique-Équatoriale française (A-ÉF) ralliée permit de renflouer les caisses du général exilé à Londres. On y découvre alors de magnifiques pépites de 3 à 8 kilos. Les plus belles surprises ont surtout lieu en Oubangui (actuelle République centrafricaine, aussi connue pour ses ressources en diamant). Une de ces trouvailles demeure très célèbre : l'Africa, pesant 635 grammes et dont « la silhouette rappelait la carte de l'Afrique ; elle fut trouvée par M. Vigoureux (Société minière de Dimonika) dans le Mayombé, qui l'offrit au général de Gaulle lors de son premier voyage à Brazzaville en octobre 1940 ». Cette manne stratégique de l'A-ÉF n'a été identifiée que tardivement [23]. Malgré très peu de moyens et une époque troublée par la guerre, la chaîne du Mayombé allait être exploitée avec une intensité croissante entre 1940 et 1945, atteignant les 3 tonnes en 1941. Au Cameroun, plus de 6 tonnes d'or sont extraites de 1934 à 1947.

Après la Seconde Guerre mondiale, la recherche et les reconnaissances de filons et de gros gisements alluvionnaires aurifères se poursuit avec le Service des mines, auquel se substitue le Bureau minier intercolonial en 1947. Les différentes compagnies minières françaises ont épuisé la plupart des gisements africains identifiés. Dans bien des régions, « les alluvions les plus intéressantes sont déjà été écrémées sans souci du lendemain ». La France ne laisse derrière elles que des gisements inexploitables avec les moyens de l'époque, ou dont le seuil de rentabilité est jugé trop faible.

La production française d'or se retrouve en chute libre. Le même avertissement revient : La France ne produit pas assez d'or ! Depuis Paris, le gouvernement voit d'un mauvais œil l'arrivée sur le continent africain de nouvelles puissances, notamment les États-Unis. Les compagnies minières anglo-saxonnes se précipitent déjà sur l'or. On accuse à nouveau les Noirs de paresse et d'ingratitude :

« Dans notre monde moderne, où les limites de notre planète semblent se rétrécir de plus en plus, il n'est plus possible que certaines régions restent vierges et que des matières premières, minières ou autres, continuent à dormir, alors qu'elles pourraient améliorer le sort de tout le monde, sous prétexte que leur exploitation bouleverserait le mode de vie de ceux qui ont la chance de vivre où elles se trouvent. Aujourd'hui, le monde entier forme un tout, il faut évoluer qu'on le veuille ou non. Si des peuples, demeurés arriérés, ne peuvent ou ne veulent s'occuper de leur mise en valeur, d'autres peuples plus entreprenants viendront le faire à leur place de gré ou de force. Les populations de l'Union française devraient comprendre qu'elles ont tout intérêt à collaborer avec la France, qui les connaît, et qui, déjà, a beaucoup fait pour leur évolution. Mais qu'elles abandonnent l'espoir chimérique de croire que, si les Français partaient de leur pays, elles pourraient rester libres de dormir toute la journée, comme leurs ancêtres, et laisser [...] inexploités des métaux utiles à l'humanité tout entière [24]. »

Le gouvernement français veut renforcer sa position. « Depuis le 1er avril 1949, l'or colonial peut être vendu sur le marché libre de la place de Paris, par l'entremise de la

Chambre syndicale des mines coloniales [25] ». Ce type de mesures intervient à un moment charnière : depuis sa création à Washington en 1944, le FMI tente justement de réguler le commerce de l'or [26], avec l'instauration de la fameuse convertibilité fixant à 35 dollars l'once d'or fin (cet étalon sera abandonné dès 1971, le prix « libéré » de l'or répondant ensuite aux lois de l'offre et de la demande). L'institution financière est confrontée aux marchés noirs ou marchés libres de Paris, Tanger, Beyrouth, Koweït, Hong-Kong, Macao… qui pullulent dès 1947. Ils absorbent pour la thésaurisation à des fins privées de l'or monétaire destiné aux réserves des banques centrales, au risque de perturber la stabilité de taux de change.

Les liens entre l'Afrique francophone, Paris et Beyrouth, capitale de la contrebande à destination de l'Inde et du Moyen-Orient, se multiplient. « Une douzaine de négociants au moins étaient impliqués dans le marché et importaient ensemble 15 à 20 tonnes d'or par mois. Une des firmes les plus solides du marché était la Bullion Exchange Trading Co., de Lausanne, qui ouvrit un bureau en 1949, sous la direction d'un Français appelé Antoine Milhomme », note Timothy Green. Vingt ans plus tard, cette société contrôlait environ un tiers du marché de Beyrouth [27].

Les réseaux français sont très actifs : au moment où les grandes banques suisses ouvrent des succursales à Beyrouth pour avoir pignon sur rue, profiter du marché libre libanais et dégager des bénéfices hors du commun sur la revente d'or acheminé clandestinement en Inde, deux raffineries françaises tentent de s'introduire sur le marché du Moyen-Orient. Le minuscule émirat de Dubaï a également joué un rôle crucial dans la contrebande d'or à destination du sous-continent indien, où ce métal précieux était taxé à plus de 400 %.

Hélas pour les négociants français, les acheteurs préfèrent les petits lingots suisses de la compagnie Argor, ou ceux de la firme d'affinage Valcambi, filiale à 100 % du Crédit suisse. Et surtout, ceux marqués du sceau de la célèbre firme de raffinage anglaise Johnson-Matthey. Les contrebandiers aussi : très faciles à transporter et à dissimuler, ces lingots sont les premiers du genre à peser entre 5 et 100 grammes. En France, la Compagnie des métaux précieux se lance aussi dans ces petits formats, très demandés [28]. Dès le tout début des années 1950, on assiste à la naissance d'une dizaine de raffineries françaises (Jean Boudet, Comptoirs Lyon-Alemand, Laboratoires Boudet...) qui fondent de l'or en lingots certifiés valides par la Banque de France.

De Gaulle a été aidé par l'or africain. Revenu au pouvoir en 1958, il ne jure que par « l'or, qui ne change jamais, qui peut être transformé en lingots, barres, pièces, qui n'a pas de nationalité et qui est pour toujours et universellement accepté comme la valeur fiduciaire immuable par excellence [29] ». Conseillé par l'économiste Jacques Rueff, ancien conseiller financier du président Raymond Poincaré dans les années 1920 et sous-gouverneur de la Banque de France en 1939, il fera tout pour rétablir les réserves d'or monétaire françaises [30]. La France avait déjà un marché de l'or libre au niveau national depuis 1948. Sentant arriver l'heure des indépendances, le gouvernement décide en 1958 une « amnistie permettant aux résidents français de rapatrier l'or qu'ils avaient à l'étranger. Les Français, semble-t-il, ont interprété très largement cette autorisation qui fournit un bon prétexte pour un gigantesque trafic d'or [31] ».

En France, l'activité de raffinage se renforce encore dans les années 1960. En 1966, le pays est devenu, « du jour au lendemain, un marché international [...]. Le marché de Paris, qui auparavant n'avait que peu d'importance puisqu'il négociait uniquement des pièces et des lingots d'un kilo pour les thésauriseurs privés, était désormais prêt à recevoir de l'or sous toutes ses formes et à l'envoyer dans le monde entier ». De Gaulle a favorisé l'or bancaire. Il a aussi favorisé la thésaurisation privée, contribuant à constituer en France le plus gros bas de laine de toute l'Europe : sous sa présidence, les acheteurs privés absorbaient « 50 millions de dollars par an, essentiellement sous forme de napoléons en or ou de lingots d'un kilo ». Pendant la crise de mars 1968, Paris est resté le seul marché important de l'or ouvert, damant le pion aux marchés de Londres et Zurich. « Il y passait, à ce moment-là, plus de 20 tonnes d'or par jour, soit quarante fois plus que d'habitude. » La France a aussi « tout essayé (sans succès d'ailleurs) pour obtenir de l'Afrique du Sud qu'elle lui vende directement son or par l'intermédiaire de ses négociants ». Tout cela, en plein régime d'apartheid.

Les particuliers français détenaient environ 3 000 tonnes d'or dans les années 1950, ils en auraient aujourd'hui, selon les experts, 6 000 tonnes – presque autant que les réserves d'or de la Banque de France. On peut raisonnablement estimer que les deux tiers de cet or sont, à la source, d'origine africaine. Il suffit aujourd'hui de se promener rue Vivienne, en face de la Bourse de Paris, pour saisir l'ampleur de ce commerce, en partie héritage du général de Gaulle : elle abrite une profusion de sociétés, comptoirs et boutiques qui achètent de l'or cash, en pièces ou en lingots. Que ce soit à Paris ou en province, comme au Comptoir savoyard d'Annecy, les acheteurs ne vous demanderont pas de justifier la provenance de votre or, ni de montrer de certificats d'origine. Au Diamant vert, on accepte « l'or sous toutes ses formes : lingots, bijoux, dentaire ».

Autre héritage du général : la Françafrique, ce monde de réseaux installé par Jacques Foccart (l'homme de l'ombre de De Gaulle) pour maintenir les ex-colonies dans le giron français [32]. Cette « France à fric » politico-affairiste veille aussi, avec une clientèle de clans africains, à ce que les rentes les plus juteuses des pays en question (or jaune, noir, vert, blanc ivoire ou chocolat…) continuent de tomber dans un pot commun. Ces réseaux Foccart, actifs jusque dans les années 1990, sauront recourir à la contrebande de métaux précieux. Il leur sera facile de faire sortir l'or africain des pays sous influence française, dotés de régimes fantoches et de dictateurs soutenus depuis Paris, pour financer des caisses politiques françaises, ainsi que diverses opérations de barbouzes.

C'est aussi en 1959, toujours sous la présidence du général de Gaulle, qu'est créé le fameux Bureau de recherches géologiques et minières : le BRGM, dont les études restent aujourd'hui encore une référence incontournable pour les multinationales minières. Le Bureau déclenche une étude systématique des gisements d'uranium, de pétrole, de cobalt, de manganèse ou d'or africains. Au moment des indépendances, l'ère des pépites africaines semble révolue [33]. L'empire n'a laissé que des poussières d'or après son passage. Mais avec les techniques d'extraction moderne, les gisements qui n'étaient plus exploités peuvent s'avérer profitables. Le BRGM quadrille le pré carré français en Afrique, obtient de beaux contrats, des concessions et des avantages pour ses multiples filiales d'extraction, sous le régime des dictateurs Traoré (Mali), Houphouët-Boigny (Côte d'Ivoire), Conté (Guinée) ou Bokassa (Centrafrique)… De Gaulle sait que la grandeur de la France dépendra de sa manière de tirer parti des richesses du continent noir. Il veut faire de la France une puissance nucléaire et énergétique. « Ainsi les années 1960-1970 furent une grande période d'inventaire des ressources minérales, en raison de la situation géopolitique qui poussait les pays à rechercher une certaine indépendance en termes d'approvisionnement en matières premières et en ressources énergétiques [34]. »

Décrit comme « un institut qui exploite le sous-sol africain et joue un rôle clé dans le dispositif militaro-industriel français en Afrique », le BRGM est doté d'un fonctionnement pour le moins opaque. L'activité ne se limite pas au recensement minier, à la cartographie ou à fournir à Paris des données classées secrètes, car proches du renseignement. C'est le BRGM qui aurait mis en évidence des ressources pétrolières au Tchad en 1969, où la France remet au pouvoir en décembre 1990 le dictateur

Idriss Déby, avec l'aide de l'agent de la DGSE Paul Fontbonne [35]. C'est aussi le BRGM qui étudie les réserves de pétrole brut du Soudan, s'associe avec le consortium AMLC proche de Charles Taylor et planche « sur un énorme projet : l'exploitation, via le Liberia, du prodigieux gisement de fer guinéen de Mifergui (4 milliards de tonnes de réserves), guigné par les Nigérians [36] ».

Qu'est-ce que le BRGM à l'époque du réseau Foccart ? Beaucoup de personnes se le demandent. « Il s'agit en effet d'un établissement public qui exerce directement certaines tâches et d'une sorte de holding détenant des participations de droits miniers dans toute une série de sociétés, un peu partout dans le monde [37] ». Ses activités sont alors peu claires, tout comme l'état de ses finances. L'organisme parapublic bénéfice jusqu'à la fin des années 1990 de larges crédits (son budget peut dépasser le milliard de francs annuels) sans qu'on lui signifie d'être rentable [38]. Plusieurs affaires concernant la gestion catastrophique de ses avoirs, les projets surdimensionnés du Bureau et ses relevés géologiques surfacturés aux États africains qui les ont commandés avec l'appui de la Coopération française défrayeront la chronique [39].

Blanchiment, mafias & mercenaires

« Sers-toi d'armes d'or, et rien ne te résistera. » C'est ce que l'oracle de Delphes avait conseillé au roi Philippe de Macédoine, pour réussir ses conquêtes. Depuis la plus haute Antiquité, le précieux métal est étroitement associé aux occupations militaires [40]. Trouver de l'or, voilà l'objectif des invasions. Vendre de l'or, tel est le moyen de financer les armées, de renforcer la puissance des gouvernements. Soldats et mercenaires reçoivent leur part du butin, les « mouches d'or », en récompense de leurs services. Facile à transporter, à manipuler, à diviser, inaltérable... l'or demeure, avec le diamant, un des instruments privilégiés pour financer les actions des services secrets. Il sert à soutenir des mouvements de guérilla, comme à payer des sociétés modernes de mercenariat. L'or africain est aussi historiquement lié aux services secrets. La CIA, le Secret Service des Anglais, le Deuxième Bureau en France ont effectué « la plupart de leurs paiements en or. "C'est le meilleur moyen de rétribuer les gens", explique un négociant. L'or a sur les billets un autre avantage ; il peut être très vite transformé. Avec un simple creuset, on peut fondre rapidement un lingot et effacer les traces du propriétaire précédent [41] ».

Nombre d'interventions militaires, d'actions des services secrets français ou d'autres activités de barbouzes tournent autour des mines d'or, du trafic d'or africain. La France, depuis des décennies, lorgne sur les richesses du Zaïre. Ce qui explique le soutien militaire et financier français au régime de Mobutu, même aux heures les plus improbables [42]. En contrepartie, le groupe financier français Indosuez a obtenu la gestion de la Gécamines, le holding minier qui exploite tous les gisements non ferreux au Zaïre. Or, diamant, cuivre ou cobalt... Les gisements excitent les convoitises des puissances occidentales. Dans les riches provinces minières du Zaïre, ce sont d'anciens militaires français, à peine sortis de la guerre d'Indochine et d'Algérie, qui avaient constitué l'ossature de la « gendarmerie katangaise ». Ce sont encore des parachutistes français qui, en 1978, arrivent sur la ville minière zaïroise de Kolwesi (Katanga-Shaba) [43].

La France a plusieurs fois tenté de se rallier des territoires africains riches en minerais et prêts à faire sécession, les aidant « à se détacher d'une ex-colonie vaste et fragile [44] », autrefois sous domination d'une puissance européenne concurrente. Un pays riche en or sert de pivot à certaines opérations : la République centrafricaine, « plaque tournante des évolutions de l'armée française sur le continent ». On y trouvait le colonel Jean-Claude Mantion, ancien officier de la DGSE, ancien mentor du président centrafricain Kolingba, contacté par Jean-Charles Marchiani, l'homme à tout faire du réseau Pasqua [45]. « Dans une économie de comptoir, [...] on y distribue des concessions minières à des individus en mal d'aventures tropicales, de préférence d'origine étrangère, française singulièrement. [...] Ces chercheurs d'or et de diamant [...] ont, avec le temps et le laisser-faire des régimes centrafricains, fixé de véritables territoires de puissance. [...] L'une des régions à fort rendement minier, Berberati, est classée "zone d'activité militaire", et exclusivement occupée par l'armée française [46]. ».

En 1989, le réseau Foccart est aussi attentif à une autre incursion possible sur le territoire des Anglo-Saxons, avec l'invasion du Liberia par Charles Taylor. « Abidjan et Lagos, les mégapoles ivoirienne et nigériane, guignent toutes deux les énormes ressources naturelles du Liberia. Toutes deux s'intéressent au potentiel mafieux de la capitale libérienne – le port franc de Monrovia, avec ses pavillons de complaisance, ses entrepôts de contrebande et ses commodités pour le blanchiment de narcodollars. Contre le Nigeria, le tandem Foccart-Houphouët et la galaxie françafricaine tiennent leur revanche de la faillite biafraise. Une revanche commerciale d'abord, par l'avantage donné aux réseaux libano-ivoiriens (très influents à Paris) sur leurs rivaux nigérians dans le contrôle de l'or, du bois, des pierres précieuses et des trafics locaux [47]. » Les ventes du Liberia vers la France (bois, caoutchouc, café, mais aussi or) redémarrent les années suivantes.

Pendant les années Chirac, ce sont des amis du Président comme le Corrézien Patrick Maugein qui s'occupent de négocier des affaires en or, quitte à ruiner la République [48]. On retrouve aussi l'ancien para Jean-François Hénin, poursuivi en 2003 par un mandat d'arrêt international pour divers fiascos, investissant dans l'or africain [49].
On a vu plus haut comment Mobutu gérait les ressources d'or de son pays : comme une fortune personnelle, placée dans des paradis fiscaux. Pour un dictateur, tout comme « pour l'agent secret ou le ministre d'un régime branlant d'Afrique ou des Caraïbes, l'or est irremplaçable. En cas de départ subit vers l'étranger, chacun peut entasser suffisamment d'or dans ses poches ou dans un gilet de toile, sous sa chemise, pour attendre des jours meilleurs [...]. Où qu'on aille, on peut vendre son or sans qu'on vous pose de questions [50] ». Pour sa part, le dictateur Moussa Traoré (au pouvoir au Mali de 1968 à 1991) préférait les caisses métalliques pour expédier son or à l'étranger, comme l'ont constaté des douaniers maliens trop scrupuleux. Au moins cent soixante-neuf chargements ont été expédiés de cette manière entre février 1985 et août 1987 à bord de la compagnie belge Sabena vers la Suisse, via Bruxelles. Le précieux métal devait être fondu à Genève et dans l'usine d'affinage Metalor, à Neuchâtel.
« Les expéditeurs étaient selon les lettres de transport aérien dix-neuf braves commerçants de Bamako, la capitale du Mali. Fin juillet 1990, 267 kilos d'or sont encore exportés. Comment un des pays les plus pauvres du monde est-il capable d'expédier en Suisse de telles quantités d'or ? [51] » Il y a plusieurs réponses : en plus des mines d'or maliennes de Kalami, dont la production est notable, Bamako attire l'or guinéen, exporté en fraude par les orpailleurs et passé en contrebande. Après le renversement de Traoré en mars 1991, le nouveau gouvernement malien émettait une commission rogatoire internationale

et cherchait en Suisse une grosse partie [52] des 2 milliards de dollars – l'équivalant de la dette extérieure malienne – que le clan du dictateur aurait sortis du pays. Volé au Mali, l'or de Traoré serait arrivé en Suisse de façon légale, affirmaient les autorités helvétiques. Mais où était passé l'argent ? Placé sur des comptes en banque suisses de la famille Traoré ? Au moment de l'enquête officielle, un des fils de l'ancien dictateur avait déjà vidé les comptes. Six ans plus tard, au terme d'une longue procédure, l'Office fédéral de police de la Confédération helvétique annonçait une grande première : la restitution à un État africain de fonds détournés. La restitution de… 3,9 millions de francs suisses (un peu plus de 2,5 millions d'euros) [53]. La même année, « la Suisse s'est retrouvée confrontée à l'épineuse affaire des fonds de l'ancien président zaïrois Mobutu, dont on n'a retrouvé que 6 millions de francs suisses sur des comptes également gelés dans les banques helvétiques [54] », sur une fortune recherchée de 4 milliards ou plus. Moussa Traoré et les siens comparaissaient devant la justice malienne en juin 1992, défendus par l'inévitable avocat des potentats africains, le Français Jacques Vergès.

Or en barres & services français

En 2000, à la demande de l'Organisation de l'unité africaine, un groupe international de sept éminentes personnalités a rendu un rapport, *Rwanda, le génocide évitable*, où il est écrit : « L'or et les diamants attirent […] irrésistiblement les organisations criminelles qui ont intérêt à faire en sorte que les troubles au Congo se poursuivent indéfiniment. Derrière ces bandes armées se profilent souvent des patrons étrangers, entreprises plus ou moins légitimes et, derrière encore, se trouvent des gouvernements étrangers qui veillent en sourdine aux intérêts de leurs ressortissants. […] Les entreprises qui ont des intérêts en RDC ont leur siège social en Afrique du Sud, au Zimbabwe, aux États-Unis, en Grande-Bretagne et au Canada. » Nous avons déjà rencontré plusieurs de ces pays.

Pour défendre les intérêts des entreprises privées, des mercenaires français sont prêts à louer leurs services. Les frères Courcelle ont été les pivots de deux décennies de barbouzerie en Afrique, sous le masque de l'extrême droite. On retrouve leur présence au Zaïre au service de Mobutu, ou en Angola pour défendre les intérêts d'Elf. Les pays riches en gisements miniers, c'est « de l'or en barres pour les mercenaires » [55].

Dans *Mes services secrets* [56], Pierre-Henri Bunel, pas forcément très recommandable mais fort vindicatif, se plaint que les agents des Services français soient constamment invités à « une cécité complice », à fermer les yeux sur « les trafics mêlant les intérêts occultes et communs des acteurs politiques et économiques », ceux « de l'ivoire, de l'or, des diamants, le commerce des armes, des mines anti-personnel »...

Robert Feliciaggi [57] et Michel Tomi, piliers de la Corsafrique des jeux, paris et casinos et familiers des comptes monégasques, ont développé leurs antennes ludiques (jeux et paris) à Bamako, chez Alpha Oumar Konaré. La date de ce « placement » correspond à peu près au boom aurifère malien. De temps à autre, Charles Pasqua apportait sa bénédiction humanitaire à ces jeux de hasard. Ainsi s'est-il rendu en 2000 dans la capitale malienne, avec le fastueux Michel : « Nous y sommes allés dans un Falcon affrété par moi personnellement », a confié Tomi au juge Courroye. « M. Pasqua souhaitait rencontrer le président de la République et le Premier ministre du Mali, qui étaient mes amis, pour essayer de leur construire des dispensaires et des points d'eau. » Seulement pour ça ?

Selon le dossier criminel de Jean-Jé Colonna, le vrai parrain de la Corse, Robert Feliciaggi dirigeait la branche africaine d'un réseau mafieux mêlant trafics d'armes et de drogue au blanchiment d'argent sale. Jules Filippeddu en dirige la branche latino-américaine. Cela représente un énorme réseau souterrain de redistribution de l'argent liquide, établi dans plus d'une cinquantaine de pays. Les ingrédients pour un blanchiment françafricain du produit de la vente parallèle de marchandises non déclarées ne manquent pas. Ni les tours de passe-passe : on a vu dans les années 1980 en Afrique de l'Ouest la création par un ressortissant français de deux sociétés successives du même nom, CEMOB, l'une connue, l'autre non, pour exploiter (et voler par tonnes) l'or du Burkina. C'est en achevant cette enquête que Norbert Zongo a été assassiné [58].

François-Xavier Verschave

« Prêts au développement » & sous-traitance de l'or

Du temps des dictatures, le gouvernement français a aussi beaucoup investi dans l'exploration et l'exploitation minière via la coopération et les prêts au développement. Dans une première série de rapports d'évaluation intitulés « L'aide française durant la période 1980-1990 [59] », les experts du ministère de la Coopération ont regretté les orientations « peu structurées, sans priorités apparentes et fondées sur le pragmatisme et les opportunités ». On devrait plutôt dire : sur l'opportunisme et le clientélisme. L'aide publique au développement française (APD) a en effet privilégié pendant des années les anciennes colonies les plus riches en ressources minières, dirigées par des tyrans qui ont ruiné leur pays : le Zaïre de Mobutu, le Gabon de Son Excellence Omar Bongo. « Au Gabon, le niveau de l'APD et, plus généralement, l'importance des ressources financières apportées par la France, traduit une prépondérance de l'objectif visant à sécuriser les intérêts économiques considérables de la France (importations et exportations entre le Gabon et la France, présence des sociétés françaises dans le secteur pétrolier et les mines) ; au Zaïre, le même objectif économique apparaît. » Ajoutons à cela « des objectifs géopolitiques » : le Zaïre est un « rempart contre le communisme au temps de la guerre froide ». En 1990, le Zaïre reçoit donc une aide qui dépasse le milliard de francs français (150 millions d'euros), et le Gabon les 600 millions (90 millions d'euros), dont une bonne tranche dans l'industrie et les mines, alors que d'autres pays moins bien lotis qui s'enfoncent dans la pauvreté reçoivent une APD moindre.

Conclusion, l'aide française au développement en Afrique a été peu efficace dans trois secteurs : les mines, les télécommunications et l'aménagement du territoire. Trois secteurs où les multinationales françaises sont précisément très gourmandes, et obtiennent des débouchés africains à la suite des mouvements de privatisation des entreprises nationales africaines amorcés au milieu des années 1980 sous la pression de la Banque mondiale et du FMI. « Dans le secteur minier, le BRGM a certes contribué à établir un coûteux inventaire minier mais, on observe un échec de l'appui institutionnel au département des Mines et des lourdes pertes pour les entreprises françaises exploitant des usines (BRGM, Cogema, Coframines). » « On observera [...] l'importance des crédits accordés à la recherche minière (Burkina, Zaïre, Gabon) », note le rapport, qui cite en exemple l'appui à la mine d'or de Poura, au Burkina Faso, « difficile à justifier économiquement : investissements plus coûteux que prévu, difficultés d'exploitation et insuffisance de la production, chute des cours de l'or [60] ».

En somme, l'APD a soutenu pendant des années des projets surfacturés dans le cadre d'une aide liée, privilégiant les contrats avec des firmes françaises. Ces dernières décrochent avec une régularité stupéfiante les contrats de recherche et de construction. Elles sont d'autant plus à l'aise en terres africaines qu'elles « bénéficient de crédits privés garantis COFACE [...] très importants », comme au Gabon : 35 milliards de francs français (5 milliards d'euros) de 1980 à 1990, en particulier dans les secteurs du pétrole, des mines, des chemins de fer, des télécommunications, de l'énergie. Autant de secteurs où le gouvernement de Paris doit défendre les positions des fleurons de l'industrie française, qu'il s'agisse d'Elf, de Cogema-Areva, de Bolloré ou du groupe Bouygues. « Ainsi notre commerce extérieur a pu bénéficier de nombreuses retombées », commentent les experts. Comme ils l'expliquent benoîtement, « ce succès est dû en partie à l'existence d'une clause d'origine pour les investissements financés exclusivement par l'aide française, mais surtout à la qualité des techniques, au savoir-faire et à la compétitivité des firmes françaises qui ont remporté de nombreux appels d'offres internationaux [61] ».

Cette aide au développement a beaucoup profité au BRGM. Encore au milieu des années 1990, le Bureau conservait une position stratégique en Afrique francophone, même si la plupart des pays détenant des richesses aurifères assuraient toujours l'essentiel de la production grâce à l'orpaillage. C'était le cas de la République centrafricaine, où la fraude restait importante [62]. Même remarque pour le Sénégal, où un permis de recherche avait toutefois été octroyé à la Société minière de Sabodala, détenue en majorité par Serem, une filiale du BRGM pour l'or. Les réserves de la zone concernée seraient d'environ 20 tonnes [63]. Au Burkina Faso, c'est la société française Sorex qui était majoritaire de la Compagnie des mines d'or du Burkina (CEMOB). On retrouvait le BRGM en Côte d'Ivoire pour la mise en évidence du gisement d'or d'Angovia (Yaouré). Ce dernier devait être exploité par une société mixte dominée par la compagnie franco-australienne La Source, également présente majoritairement sur les mines d'Ity. La Source, dont une partie du capital était détenu par le BRGM, était encore active en Guinée pour la Société minière de Dinguiraye, comme au Soudan avec des parts dans l'Ariab Mining Company, etc.

Les grandes compagnies minières de l'Hexagone se comptent aujourd'hui sur les doigts d'une main. À Paris, certains se sont mis à rêver, évoquant la création d'une grande entreprise minière française qui regrouperait Cogema-Areva (uranium en France et au Niger), Eramet (manganèse au Gabon, nickel ...) et le BRGM [64]... L'arrivée en force des multinationales sud-africaines et des *juniors* canadiennes en Afrique de l'Ouest dès la fin de l'apartheid a refroidi les ardeurs. « À l'époque, le BRGM avait un formidable potentiel et des moyens. Aujourd'hui, ce sont des compagnies anglo-saxonnes, des *juniors* australiennes ou canadiennes qui rachètent les données du BRGM », nous explique Gaëlle Arenson, rédactrice en chef d'*Africa Mining Intelligence* [65].

Sous l'ère Mitterrand, avec le vent des privatisations, le BRGM a dû liquider une bonne partie de ses actifs miniers – cédés au conglomérat nucléaire français Cogema-Areva – et brader ses concessions un peu partout en Afrique de l'Ouest. En ce qui concerne l'or, c'est aujourd'hui le géant Areva [66] que l'on retrouve actif dans la prospection et l'exploitation au Soudan et en Côte d'Ivoire. Au Mali, la France semble jouer les seconds rôles. Certains s'en alarment [67]. Quoiqu'on en dise, elle assure une place au soleil pour l'industrie hexagonale, via des activités de services et la sous-traitance. On comprend mieux pourquoi l'APD est venue financer le projet Sadiola [68], tout comme elle a continué de financer à coup de centaines de millions de francs une multitude de projets miniers sur le continent noir tout au long des années 1990 : à chaque nouvelle exploitation minière à l'échelle industrielle, les besoins dans les secteurs du BTP (construction des cités minières), de l'énergie (pour faire tourner les broyeuses), de l'eau (pour rincer les minerais), de la logistique sont tels que le secteur de l'extraction représente une aubaine pour des groupes comme Bouygues, Bolloré, ou le transporteur maritime CMA-CGM. Cet engagement de l'aide française intervenait justement au beau milieu du premier programme quinquennal de privatisations au Mali (1994-1999). Les autorités maliennes ont amorcé en 1999 un second programme visant « les entreprises structurantes du tissu économique malien », dont les transports, l'électricité et les télécommunications. SAUR (filiale du groupe Bouygues) et Ikatel (détenu à 70 % par France Télécom) ont obtenu leur part du gâteau [69].

« Premier fournisseur, la France occupe une place privilégiée dans les échanges commerciaux avec le Mali. Les principaux postes d'exportations françaises sont les biens d'équipement (30 %), les biens de consommation (25 %) et les biens intermédiaires (20 %) », se réjouit à Bamako l'ambassade de France.

VI. Imposer la transparence

Grèves & mobilisations africaines

L'ouverture de nouvelles mines s'enchaîne de plus en plus vite au Mali, depuis celle de Syama au début des années 1990 : Sadiola (1996), Segala, Morila (2000), Yatela (2001), Tabakoto (2003), Kedeiran (2003), Loulo, Sitakili (2005)… Le Mali, doté d'un excellent potentiel aurifère, est aujourd'hui principalement exploité par le géant AngloGold. La multinationale de la famille Oppenheimer a raflé des participations majoritaires sur les trois plus importants gisements du pays, dont Morila, « la plus rentable des vingt-trois mines d'or exploitées par AngloGold dans le monde [1] » … En 2004, ces trois mines couvraient 90 % de la production d'or malienne. « Le gouvernement tout comme AngloGold sont confiants dans le fait que les mines du Mali représentent de bonnes opportunités, et qu'elles sont exploitées pour le profit de tous les actionnaires », souligne un rapport de la multinationale sud-africaine [2].

Que les actionnaires se rassurent, leur trésor est bien gardé. AngloGold emploie des mercenaires au Mali : la société de sécurité britannique Defence Systems Limite, filiale de la multinationale américaine Armor Holdings Inc. Cette dernière évoque, dans sa lettre aux actionnaires de 1997, « un début de business au Mali, Ghana, Nigeria », etc. Les deux premiers pays sont célèbres pour leur production aurifère.

Les bénéfices de cette extraction se chiffrent en effet en milliards pour AngloGold, alors que le gouvernement de Bamako ne perçoit que le strict minimum des royalties et peine à faire valoir ses droits [3]. Le Conseil des ministres de la République du Mali reconnaît lui-même qu'une des principales faiblesses du pays dans le secteur minier reste la « faible capacité des ressources humaines nationales en matière de négociation et de contrôle [4] ».

Cette réalité a encore été dénoncée en février 2007 dans un rapport de la Fédération internationale des ligues des droits de l'homme (FIDH) : l'État malien se retrouve dans une position intenable depuis la réforme du code minier. Le pays était auparavant propriétaire de ses ressources naturelles, il n'est désormais plus qu'un actionnaire minoritaire. Il se retrouve partie prenante dans ce business, mais on lui demande de réguler et de contrôler l'activité des entreprises, de veiller à la répartition des revenus, alors qu'il connaît une corruption endémique. Il ne peut pas exercer son rôle de puissance publique. Il n'a pas les moyens financiers, humains ou techniques nécessaires pour défendre les intérêts de son peuple.

En position de force, les entreprises minières exploitantes profitent de la situation. Elles « vont parfois jusqu'à commettre des violations des réglementations existantes lorsque celles-ci leur paraissent trop contraignantes [...].

Outre les normes sociales et environnementales, ce sont aussi les réglementations fiscales qui sont transgressées ». Bien sûr, chaque multinationale d'extraction prend le soin de vanter sa participation au développement local, à travers des fonds spéciaux. Mais ces derniers sont souvent affectés par l'entreprise de façon discrétionnaire. Ainsi, l'existence des fonds créés en 2000 par AngloGold et Rangold « était inconnue des responsables locaux jusqu'à l'arrivée du nouveau directeur de Morila SA fin 2005 ».

Parmi les mauvais payeurs, IAMGOLD. Un audit public a révélé qu'il manquait 15,6 millions de dollars, réclamées par l'État malien sur la période 2000-2002 au titre de taxes sur les bénéfices et diverses pénalités. Cette pratique semble largement répandue parmi les compagnies d'extraction : « Fin 2004, l'État n'avait reçu que 4,6 milliards de francs CFA des 25 milliards [38 millions d'euros] qui lui étaient dus en dividendes. Cette situation s'est présentée à nouveau en 2005 [5]. »

Morila représente un bel exemple de hold-up organisé sur les richesses aurifères africaines. D'un côté, les compagnies AngloGold et Randgold affrètent des avions privés et proposent des visites commentées sur place pour leurs actionnaires, afin qu'ils puissent admirer les sites d'extraction aurifères. De véritables « machines à faire du cash », qui dévastent les sols maliens à coup de bulldozer. De l'autre, les ouvriers maliens surexploités s'insurgent contre les conditions et les cadences de travail infernales qui leur sont imposées par les firmes anglo-saxonnes, le dépassement des quotas de production d'or et le non-paiement de leurs primes de rendement.

Rappelons les faits : sur le site de Morila, AngloGold et Randgold ont extrait 83 tonnes d'or durant les trois premières années, au lieu des 33 prévues par le contrat avec les autorités maliennes [6]. La cour d'appel de Bamako a rendu le 10 février 2005 un jugement confirmant que la prime de rendement – que la direction de la mine se refusait toujours à honorer – était bien due. C'est une des principales causes du conflit social qui a secoué la mine de Morila.

Les mineurs ont multiplié les démarches pour faire reconnaître le Comité syndical – sans succès. En juillet 2005, 550 ouvriers de la Somadex (filiale de Bouygues) se mettaient en grève durant trois jours. La direction de la Somadex répliquait en licenciant 17 ouvriers et en menaçant d'en licencier 60 autres. La grève reprenait pour demander la réintégration des ouvriers licenciés ; pour revendiquer les primes de rendement non payées (estimées à 17 milliards de francs CFA, soit 26 millions d'euros) ; pour dénoncer les conditions de travail indignes (absence d'équipement de protection alors que les mineurs sont exposés aux traitements à base de cyanure et d'arsenic) ; et enfin, pour dénoncer la falsification, voire parfois l'absence de contrats de travail…

Après un mois de grève, la direction de la Somadex licenciait 300 de ses employés, en toute illégalité. Au mois d'août, la situation se dégradait et le Comité syndical entrait dans la clandestinité. De véritables commandos s'organisèrent pour créer la confusion et arrêter les grévistes. Une trentaine de mineurs furent emprisonnés en octobre. Fait troublant, c'est la Somadex qui fournit aux gendarmes chargés de l'arrestation la liste d'une trentaine de « meneurs principaux du mouvement de contestation », remarque la FIDH, qui note aussi que « Morila SA subventionne les salaires des gendarmes de Sanso » [7]…

Le 12 novembre 2005, le président malien Amadou Toumani Touré inaugurait une nouvelle mine d'or à Loulo, à 350 kilomètres à l'ouest de Bamako. La SOMILO (Société de la mine d'or de Loulo) est détenue à 80 % par… Randgold, et 20 % par l'État malien. Sur les 1 100 employés de la mine, seuls 250 étaient du pays. Le directeur général de Randgold Ressources Ltd, Mark Bristow, précisait lors de son discours d'inauguration : « Notre foi dans ce pays a été justifiée par les résultats de Morila »…

L'or du Mali semble voué à disparaître dans les poches des autres. Sous le court règne du marxiste Modibo Keita (1960-1968), les Russes consentaient des prêts au Mali contre l'exploitation directe des mines d'or [8]. La dictature de Moussa Traoré (1968-1991), soutenue par les Français, s'est ensuite soldée par un bilan « tragiquement négatif », admettent à Paris les experts du ministère de la Coopération. Au moment de son renversement, « l'or représente 12,3 % des exportations totales du pays, mais ne contribue qu'à 1,5 % du PIB [9] ». Comment l'expliquer ?

Interrogé sur le paradoxe des richesses minières africaines qui, sur place, n'engendrent que la pauvreté, le professeur et conseiller économique Philippe Chalmin conclut : « Le secteur minier n'est jamais source de développement économique. [...] La mine est par essence une enclave », comme un domaine de chasse réservé. L'État peut certes espérer tirer quelques revenus de l'extraction d'or, mais il doit désormais traiter avec les *juniors* canadiennes, « ces petites sociétés aurifères qui souvent ont leurs actions cotées à la Bourse de Vancouver et qui sont, au fond, des espèces de chercheurs d'or améliorés, avec une logique pire que celle du capital-risque, c'est-à-dire celle d'une exploitation primaire la plus rapide et la plus sauvage possible [...]. De toute façon, soyons clairs, ce genre d'exploitation est pratiquement complètement verrouillé par des capitaux occidentaux ».

Paris, Montreuil, Sadiola

Pour que l'extraction de l'or africain profite un jour aux populations des pays producteurs, encore faudrait-il que leurs gouvernements puissent exercer librement leur droit de regard sur les activités des multinationales minières exploitant les gisements. Ce n'est le cas ni à Morila, ni à Sadiola.

« L'opacité autour du projet de Sadiola est considérable, puisque les autorités locales ne parviennent à obtenir aucun document, rapport ou contrat relatif à la mine. Ce projet laisse augurer d'importantes retombées financières pour les investisseurs qui bénéficient par ailleurs de prêts avantageux grâce à la participation du groupe Banque mondiale ; les retombées positives pour les populations locales sont quant à elles plus qu'incertaines », accusent les porte-parole d'Oxfam France-Agir ici [10].

Parfois, la mobilisation de populations africaines affectées par l'activité des multinationales minières vient à bout de certaines résistances. Au Mali, la SEMOS est tombée sur un bec. Les habitants se sont organisés, grâce à leurs proches émigrés en France, avec l'appui d'un collectif d'ONG [11]. Accablée par le rapport très détaillé de l'Association des ressortissants de la commune de Sadiola en France (ARCSF, basée à Montreuil), la SEMOS a dû organiser en hâte des négociations globales. Depuis mai 2003, responsables d'AngloGold et de la Banque mondiale ont dû s'expliquer, rendre des comptes, promettre des actions concrètes. Une pétition contre la SEMOS a été présentée au Forum des peuples de Siby, le 3 juin 2003 – contre-sommet altermondialiste à la réunion des huit plus grandes puissances (G8) à Évian, qui se déroulait au même moment sous le patronage de Jacques Chirac. Un courrier du GRDR (Groupe de recherches et de réalisations pour le développement rural) et des Amis de la Terre à la SFI a également suscité une série de réactions aboutissant à une négociation de la SEMOS avec les habitants et les travailleurs de Sadiola, fin juin 2003.

La situation environnementale catastrophique aux alentours du site d'exploitation s'est peu à peu améliorée. C'était une première victoire sur les « monstres froids », comme Jean Ziegler appelle les grands trusts, banques et multinationales qui travaillent dans l'opacité et ne jurent que par leurs bénéfices [12]. Cette victoire sert depuis d'exemple à d'autres régions du Mali, comme à Kenieba, toujours dans la région de Kayes, où la mine d'or de la commune de Sitakily est exploitée depuis l'été 2005 par la multinationale sud-africaine Rangold et la canadienne Nevsun [13]. Mais aussi partout en Afrique où les populations locales tentent désormais de porter plainte pour criminalité économique et écologique transfrontalière [14].

Outre la question importante des ravages causés par l'exploitation minière à échelle industrielle en termes d'environnement et de santé, il y a la question des revenus. « L'or a surpassé le coton en tant que principal produit d'exportation du Mali, mais la transparence fait défaut dans la publication des revenus miniers », dénonce Oxfam America dans un récent rapport [15]. Le Mali est actuellement le troisième exportateur d'or en Afrique, derrière l'Afrique du Sud et le Ghana. Ses exportations d'or ont plus que triplé entre 1996 et 2002, passant de 18 % à 65,4 %. Pourtant, le Mali demeure en queue de peloton dans l'Indice de développement humain des Nations unies de 2006 : 175e sur 177 pays. De toute évidence, les richesses sont mal redistribuées.

Où vont les profits ? Où s'envole l'or ? Il est exporté pour affinage vers l'Afrique du Sud (à 59,2 %) et la Suisse (40,8 %). « Une fois cédé à la société Argor-Heraeus, l'or malien disparaît des radars publics ; l'État n'est associé à aucun stade du circuit de raffinage des lingots. Or l'affineur ne paye l'intégralité de la valeur de l'or qu'une fois ce dernier raffiné… [16] »

L'or du Bambouk

Depuis la traite, l'esclavage et la colonisation, l'Occident croit rétrospectivement que l'Afrique subsaharienne était un continent oublié et oublieux de l'économie mondiale. L'Occident se trompe, comme souvent lorsqu'il s'agit de l'Afrique. Celle-ci a engendré, avant l'Europe médiévale, un édifice économique complet, équilibré, avec un étage supérieur brillant. Stimulé par l'or de « Guinée », tout un réseau d'échanges traversait dès l'an mille une grande part du continent et l'ouvrait sur les autres. Les deux principaux axes caravaniers, de Tombouctou vers Marrakech et Le Caire, faisaient communiquer le cœur de l'Afrique avec l'Europe et le Proche-Orient ; un système de cabotage reliait entre eux les nombreux ports de la côte Est, depuis l'Égypte jusqu'au Zambèze. Ces ports déployaient jusqu'en Chine de fructueux échanges marchands. Ironie de l'histoire, l'Europe médiévale n'eut d'or frais pratiquement qu'en provenance d'Afrique : il donna son nom, « guinée », à l'une des premières monnaies de l'Angleterre…
La région de Kayes fait partie de cette « Guinée ». Au sud-ouest du Mali actuel, Sadiola appartient à l'une des zones aurifères les plus réputées d'Afrique, le Bambouk [17]. Les techniques artisanales de l'orpaillage traditionnel fournissaient déjà de l'or en abondance. Niani, la capitale de l'empire mandingue qui dominait la région depuis le tournant du millénaire, en avait plein ses coffres. Le roi Kanka Moussa porta à son apogée cet empire, entre 1307 et 1332. Vers 1324, il se rendit en pèlerinage à La Mecque avec une cour d'au moins quinze mille personnes (quatre fois plus selon certains récits). Il distribua tellement d'or tout au long du parcours que le cours chuta pendant une douzaine d'années ; il s'attacha un lettré et architecte de Grenade, Ibrahim Es Saheli, et finança sur ses plans la construction, à Gao puis à Tombouctou,

> de magnifiques mosquées à terrasse crénelée, ornées d'un minaret pyramidal. Ces faits sont désormais bien connus des historiens et des économistes. Ils montrent que, depuis longtemps, les filons d'or du Bambouk ont quelque chose de vertigineux.
>
> François-Xavier Verschave

Les réformes des codes miniers mis en place dans la plupart des pays africains producteurs depuis la fin des années 1980 sous la pression des institutions financières internationales ont conduit à privilégier les grandes compagnies d'extraction étrangères, aux dépens des petites sociétés minières d'État et, surtout, des mineurs artisanaux, qui pouvaient autrefois justifier de permis d'exploitation. La majorité des sites aurifères ouest et centre-africains sont aujourd'hui aux mains d'une poignée de multinationales, qui prétendent avoir découvert les gisements, alors que la quasi-totalité de ces derniers était déjà connue des orpailleurs locaux depuis longtemps. « Au Zimbabwe, sur un total de quatre mille mines d'or, seules peut-être une vingtaine ont été découvertes par des scientifiques. Cela peut paraître étonnant, mais la plupart ont été ouvertes sous l'empire du Monomotapa… il y a quatre siècles [18]. »

Voilà pour la synthèse. Pour le détail, il faudrait faire appel à des spécialistes en droit international et minier pour décrypter des documents contractuels des multinationales de l'or en Afrique – à supposer que le citoyen lambda et les ONG puissent seulement y avoir accès. Comme le souligne Camille de Vitry, « Balla Sissoko, maire de la commune de Sadiola, n'a jamais pu obtenir le contrat liant la SEMOS et l'État malien. Philippe Berten, [son] directeur financier, évoque une convention d'établissement signée en 1990 entre AGEM (future IAMGOLD) et la République du Mali ; cet accord court sur trente ans, établit les exonérations fiscales, douanières et économiques offertes à la société d'exploitation pendant cinq ans ». Ce contrat a été arrangé sous le régime du dictateur Traoré…

Même les fonctionnaires africains et responsables officiels du secteur des mines ont toutes les peines du monde à obtenir des informations complètes et transparentes de la part des grandes firmes occidentales sur les conditions d'extraction des ressources aurifères nationales. L'argument de la confidentialité et du secret des affaires face à la concurrence d'autres compagnies minières est toujours invoqué dans la filière de l'or. Ceci, à tous les niveaux.

« Les lois et règlements qui constituent le code minier du Mali ont créé un ensemble complexe de taxes, droits et redevances qui sont effectivement incompréhensibles pour ceux qui n'ont pas une formation technique », note Oxfam America. Sur place, « le faible taux d'alphabétisation, la faiblesse des infrastructures physiques et les moyens de communication électronique inappropriés font qu'il est presque impossible aux citoyens d'avoir des informations complètes et claires sur les revenus et sur la manière dont ils sont dépensés afin d'en faire bénéficier le public ».

Transparence & campagnes internationales contre l'or sale

Oxfam America formule plusieurs recommandations pour accroître la transparence dans le secteur de l'exploitation aurifère. Cette transparence sur les dépenses et les revenus devrait s'appliquer autant aux organisations financières internationales qu'aux multinationales d'extraction et aux gouvernements producteurs. Les États producteurs devraient simplifier la publication des rapports d'information sur les revenus fiscaux perçus de l'exploitation minière et la distribution de ces revenus. L'implication de la société civile et des ONG dans le processus de révision des codes miniers est aussi nécessaire. Enfin, la Banque mondiale devrait engager la société civile dans la mise en œuvre de l'Initiative pour la transparence des industries extractives (ITIE). Il faudrait donner aux citoyens l'occasion de participer au processus de prise de décision, et pouvoir tenir pour responsables de la répartition et de l'utilisation des revenus miniers les compagnies minières ainsi que les autorités élues.

Au niveau mondial, une campagne est aussi lancée dans ce sens, avec pour slogan « Publiez ce que vous payez [19] ». Cette action, soutenue par trois cents ONG dans le monde entier, a pour principal objectif d'aboutir à ce que les compagnies extractives (pétrole, gaz et ressources minières) publient, de façon systématique et transparente, le montant des taxes et redevances de toute nature qu'elles versent aux États. L'idée est que les parlements et les citoyens de ces pays puissent enfin disposer d'informations, sur la base desquelles ils pourront suivre l'usage qui est fait de ces revenus et veiller à ce que ceux-ci participent au développement et à la réduction de la pauvreté. « Cette plus grande transparence permettra de lutter contre les détournements de fonds, la corruption et l'appropriation illicite des ressources », soulignent les responsables de la campagne.

« Publiez ce que vous payez » vient par ailleurs de produire un rapport critique sur l'ITIE, initiative phagocytée par la plupart des multinationales polluantes mentionnées dans ce livre [20]. Nul doute qu'une plus grande transparence pourrait expliquer bien des anomalies dans les politiques de développement orchestrées par les institutions financières internationales. François-Xavier Verschave nous rappelait le cas du Ghana, « lui aussi assis sur une montagne d'or, mais qui croule sous une montagne de dettes. Il était présenté comme le meilleur élève du FMI, il est maintenant "un pays pauvre très endetté". Conclusion logique : quelque chose cloche. Lorsque l'on interroge les habitants des pays en développement, ils vous disent que les règles du FMI et de la Banque mondiale ne fonctionnent pas. Si l'on questionne les grandes puissances, elles répondent que les pays pauvres ne suivent pas les règles. Quant au FMI et à la Banque mondiale, ils expliquent que les règles sont bonnes, mais que personne ne les suit, ni les riches ni les pauvres…

De cette situation tragi-comique, les Ghanéens ne connaissent que l'aspect tragique : ils sont obligés de payer l'eau potable, l'accès aux sanitaires, les médicaments et leurs séjours dans les hôpitaux publics. De payer, en somme, le prix de l'échec des politiques internationales. Pendant vingt ans, le Ghana a suivi à la lettre les conditions posées par le FMI et la Banque mondiale pour bénéficier de prêts : coupes drastiques dans les dépenses publiques, suppression des subventions d'État, ouverture du marché, services publics payants. Résultat : le Ghana a abandonné la culture du riz, qui fournissait nourriture et travail, au profit de celle du cacao et de l'exploitation des mines d'or. Celles-ci sont gérées par des compagnies, étrangères bien sûr, qui en tirent d'énormes profits – dont les Ghanéens n'ont jamais vu la couleur, sinon celle des poussières nocives déversées sur leurs anciennes terres. Quant au riz, le pays l'importe désormais des États-Unis, le pays le plus éloigné des recommandations du FMI (son agriculture est la plus subventionnée du monde, 20 milliards de dollars par an) [21]...

De plus en plus mécanisées, les mines emploient de moins en moins de salariés locaux. Licenciés par centaines d'une mine très riche, des travailleurs ghanéens se sont faits mitrailler. Neuf blessés. L'un des coactionnaires de la mine, la compagnie Repadre, a depuis été absorbé par IAMGOLD en 2003. Les rapports des organisations civiques canadiennes sur la condition des salariés et des habitants des zones minières sont accablants ».

Dans d'autres pays, la situation de monopole sur le commerce de l'or est encore plus radicale. Ainsi en Guinée-Conakry : « Récemment, on a transféré à la présidence de la République le Service de vente de l'or et du diamant qui était domicilié à la Banque centrale. À quand le transfert à la présidence de la vente hebdomadaire des devises ? » demande Mohamed Mansour Kaba, président du parti Dyama [22].

Or, blanchiment des capitaux & terrorisme

Qu'il soit importé en Europe légalement ou non, acheter du métal jaune 100 % garanti « or propre » n'est toujours pas possible, dénonce No Dirty Gold. Cette campagne internationale lancée en 2004, soutenue entre autres par Oxfam America et Les Amis de la Terre, appelle au boycottage : l'extraction industrielle aurifère à ciel ouvert engendre 20 tonnes de déchets pour fabriquer l'équivalent d'une seule bague. Qui va payer la facture écologique ?

Renforcer des normes de contrôles environnementaux, mais aussi financiers au niveau international semble d'autant plus important que l'or est régulièrement cité comme l'un des principaux vecteurs du blanchiment d'argent, avec d'autres marchandises sensibles comme les métaux précieux, le diamant et la drogue. Les différentes routes de ces trafics se croisent d'ailleurs fréquemment. Les spécialistes du GAFI (Groupe d'action financière sur le blanchiment de capitaux) considèrent que l'ampleur du phénomène de blanchiment sur le marché de l'or constitue une menace réelle. Avec une demande et des cours en hausse sur les marchés mondiaux, cette menace s'inscrit dans la durée.

Un rapport du GAFI illustre bien le cheminement de l'or. « L'or sale » peut être la source de fonds illégaux à blanchir. L'or peut aussi être un vecteur concret du blanchiment par achat direct avec des fonds d'origine illégale. Acheté en dollars dans des villes ou régions qui se spécialisent dans des opérations légitimes de négoce de l'or (par exemple Cordoue en Espagne ou Arezzo et Vicenza en Italie), l'or sert à la fois de matière première et, dans une moindre mesure, de moyen d'échange pour des opérations de blanchiment de capitaux menées entre l'Amérique latine, les États-Unis et l'Europe. Refondu ou transformé en bijoux, il devient alors « l'une des plus importantes, voire la plus importante des matières premières du dispositif de blanchiment faisant appel au marché noir du peso. Les fonds sont ainsi légitimés en tant que revenus de ventes d'or [23] ». Le Maghreb et l'Asie sont aussi des destinations privilégiées pour ce genre de trafic [24]... Du culot ou de l'astuce, il en faut. Dans le domaine de l'or, les idées ne manquent pas. Pour contourner les sanctions internationales qui frappaient l'importation d'or en barres en provenance d'Afrique du Sud du temps de l'apartheid, les banques suisses se les faisaient livrer sous forme de cendriers en or massif. Ces importations passaient sous la rubrique « objets manufacturés ». Rien à signaler. Plus près de nous, en août 2003, la succursale américaine de la firme Metalor a été condamnée à 2,5 millions de dollars d'amende pour sa participation à un réseau de blanchiment passant par la Colombie et le Pérou. Metalor envoyait en Amérique latine de l'or dissimulé dans des bouteilles de shampooing [25]…

L'arrestation en novembre 2002 à Bruxelles d'un trafiquant d'or en provenance du sud-Kivu [26] a quelque chose de caricatural. Le butin saisi à Anvers – 51 kilos d'or pur à 96 % – représente la production de deux semaines de la zone contrôlée par la guérilla pro-rwandaise du RCD Goma. À la tête du trafic de minerais, Aziza Kulsum, qui s'est enfuie à Kigali. C'est l'un de ses comparses qui a été arrêté en Belgique : depuis quatre ans, le Canadien Zulfa Karil Panju faisait le voyage de Bruxelles deux fois par mois avec la précieuse cargaison dans un sac à dos. Son bagage était déclaré « en transit ». Il a été inculpé de blanchiment : l'or est en effet exploité illégalement dans une zone occupée de la RDC, au profit de la guérilla qui a d'ailleurs posé ses scellés sur les colis… Le métal était fondu en lingots en Belgique et injecté sur le marché officiel en Grande-Bretagne. Les produits de la vente se retrouvaient sur des comptes en Suisse et en Belgique, à la Banque Bruxelles Lambert (BBL). La justice belge a depuis déterminé que ces comptes étaient liés à l'armée rebelle et servaient à acheter du matériel de guerre. 2 millions de dollars ont été bloqués - soit l'équivalent d'environ un mois de trafic d'or…

Un rapporteur belge s'interrogeait devant le Sénat : « Je tiens à vous faire part de mon étonnement de constater que, pendant quatre ans, M. Panju a pu, tous les quinze jours, passer la frontière belge avec un sac de sport en bandoulière dans lequel se trouvaient [ses] kilos d'or […].

Venant de Kigali, il est passé par les contrôles aux rayons X à l'aéroport et les contrôles à l'entrée de l'avion, sans que la compagnie nationale qui l'embarquait – la Sabena à l'époque mais d'autres compagnies maintenant – ait jamais rien décelé, sans que les douanes rwandaises aient jamais rien trouvé. Et il s'est présenté à Zaventem avec son sac plein d'or sans que personne ne lui ait jamais rien dit. Cela suscite quand même des questions très sérieuses sur l'efficacité des contrôles [27] ». À raison de 100 kilos par mois pendant quatre ans, Panju avait acheminé à lui seul presque cinq tonnes d'or en Belgique.

Pour que le commerce de diamants ou d'or propres soit enfin encouragé en RDC comme ailleurs, encore faudrait-il que les abus fassent l'objet d'investigations au niveau international. Depuis des années, la plupart des gouvernements impliqués se sont abstenus de poursuivre les enquêtes sur les allégations avancées par l'ONU au sujet des agissements de leurs entreprises nationales dans leurs opérations en RDC, alors qu'on sait que les affrontements en cours au nord-est et au sud du pays sont alimentés par l'exploitation illicite des ressources naturelles. De nombreuses ONG dénoncent cette passivité [28].

Le nord-est de la RDC a été l'une des régions les plus durement touchées par la guerre qui a dévasté le pays durant cinq ans. Des groupes armés rivaux ont perpétré des massacres ethniques, des viols et des actes de torture dans cette région très riche en minerais. Un conflit local entre les groupes ethniques hema et lendu alliés à des groupes rebelles nationaux et des soutiens étrangers, dont l'Ouganda et le Rwanda, a fait plus de 60 000 morts, selon les estimations des Nations unies. Ces pertes ne représentent qu'une part des quelque quatre millions de morts civils dans toute la RDC, un bilan qui fait de cette guerre le plus meurtrier de tous les conflits depuis la Seconde Guerre mondiale.

Le sud du pays n'est pas épargné. Là aussi, le soutien financier et logistique fourni par des compagnies privées occidentales à des soldats ou milices armées africaines, en échange d'un « pied-à-terre » minier, n'est pas nouveau. La presse internationale a relaté le cas embarrassant d'Anvil Mining Ltd, entreprise canadienne soutenue par la Banque mondiale et inscrite à la Bourse de Toronto depuis juin 2004. Cette compagnie, qui mène des opérations à la mine de Dikulushi, voisine de Kilwa, a admis avoir fourni, à leur demande, un soutien logistique aux Forces armées congolaises responsables en octobre 2004 du massacre de Kilwa, ville isolée dans la province de Katanga. Entre 70 et 100 personnes auraient été tuées dans l'opération, en majorité des civils sans armes, dont des femmes et des enfants.

Si elle voit le jour, une enquête du gouvernement canadien devrait déterminer pourquoi les avions d'Anvil ont servi au transport de soldats depuis la capitale provinciale, Lubumbashi. D'après des témoignages de survivants, « Anvil aurait aussi fourni des véhicules pour appuyer l'attaque militaire contre la ville ; ces véhicules auraient également servi à transporter les personnes arrêtées et à enlever des cadavres après l'opération militaire ».

Un processus Kimberley pour l'or ?

« Le seul moyen d'empêcher les seigneurs de la guerre de faire des profits, estime Enrico Carisch, expert financier aux Nations unies, serait d'exercer des pressions sur les gouvernements de la région afin qu'ils mettent un terme au régime d'impunité ; en particulier, les Ougandais devraient normaliser le commerce bilatéral avec le Congo. Pour ce faire, toutefois, il faut que le gouvernement de Kinshasa regagne, avec l'aide de la communauté internationale, le contrôle de l'est du pays. »

Dans une région où l'État est en déliquescence et où l'or demeure la seule source de revenus pour beaucoup d'habitants, on voit mal comment la situation pourrait changer. D'autant que la demande internationale pour l'or reste soutenue. Le groupe d'experts de l'ONU considère d'ailleurs que, « étant donné la superficie du pays, une interdiction totale de l'exportation des ressources naturelles de la RDC serait une mesure extrêmement coûteuse et difficile à appliquer [29] ». La solution idéale serait un système de traçabilité permettant de stopper la contrebande. Il s'agirait de mettre en place un système intra-régional qui imposerait la fourniture de certificats d'origine des minerais précieux. Ce système comprendrait un répertoire de tous les points d'extraction en RDC et de raffinage dans la région, ce qui permettrait de canaliser et de contrôler l'exportation de minerais.

Mais un tel mécanisme de certification, réalisé avec un succès mitigé pour les diamants avec le processus Kimberley, n'a pas encore été mis au point pour l'or.

Parant aux critiques émises par des ONG comme HRW sur le commerce et l'industrie de l'or issu de régions en conflit, l'idée d'un « code de bonne conduite » a été adoptée en septembre 2006 par le Council for Responsible Jewellery Practices. Ce comité, créé la même année à Londres, compte une soixantaine de membres : on y retrouve les grandes associations internationales de commerce, le puissant lobby de l'or World Gold Council, les entreprises minières AngloGold ou Newmont, des diamantaires mondialement connus et les grandes marques de la bijouterie de luxe, mais encore les firmes Argor-Heraeus et Metalor Technologies [30]. Toutes ces multinationales de l'or et du diamant mettent en avant – sur le papier et sur Internet, du moins – leurs propres codes de « responsabilité sociale des entreprises », calés sur ceux des grandes banques internationales et des organismes financiers. Pour quel résultat ?

Les Nations unies ont-elles vraiment la volonté et les moyens d'imposer aux gouvernements comme aux multinationales des sanctions, et un tel mécanisme de traçabilité ? On en doute. Concernant le trafic de diamant, d'or, et le soutien aux guérillas locales en RDC, l'ONU a bien connu un regain de crédit lorsqu'un de ses groupes d'experts a publié les noms de personnalités et firmes concernées, demandant au Conseil de sécurité d'imposer pour certains des restrictions financières, de geler leurs avoirs et de suspendre leurs services bancaires. Plusieurs ténors de la scène minière internationale, dont Anglo-American et De Beers, mais aussi des banques (BBL, Barclays, Fortis, Belgolaise, etc.) se sont vus reprocher d'avoir violé les normes du code de bonne conduite de l'OCDE dans la conduite de leurs affaires en RDC. Les sociétés et les personnes dont le nom apparaissait sur ces listes se sont plaintes vigoureusement. Oryx Natural Resources a affirmé que les allégations contre elle étaient « absolument sans fondement » et a invité le groupe à répéter ces allégations en public, sans la protection des Nations unies. La crainte de procès a fait le reste : dans les rapports suivants, les noms d'Anglo-American, Barclays Bank et d'autres sociétés étaient retirés, sans explication [31]... Ils ont toutefois réapparu dans le rapport d'une commission de la RDC en 2006 [32]. Le Trésor américain, qui avait lui aussi promis des sanctions, s'est borné le 30 mars 2007 à incriminer sept entreprises, dont trois sont liées au trafiquant d'armes russe Viktor Bout, ainsi que les deux principales sociétés d'exportation d'or ougandaises : Uganda Commercial Impex et Machanga Ltd. Il n'a annoncé aucune mesure à l'encontre des firmes d'extraction occidentales impliquées [33].

À un autre niveau, le commerce meurtrier de l'or en RDC et les importations effectuées par des firmes suisses peuvent-ils être portés à l'attention de la sphère politique, devant le Parlement, pour inciter les gouvernements européens à prendre des mesures, ou à renforcer les contrôles sur leurs entreprises ? Non, si l'on en juge l'exemple que donne la Suisse. Les autorités de la Confédération helvétique répondent que « pour des raisons de protection des données, les noms de ces entreprises ne peuvent pas être rendus publics [34] ». Différents offices suisses sont en principe chargés de la surveillance des importations d'or. Le manque de transparence concernant leurs propres activités a plusieurs fois été constaté par des enquêtes indépendantes.

Le GAFI s'inquiète pourtant de « l'utilisation du commerce de l'or par les groupes terroristes », comme du rôle joué par les entreprises de raffinage. Hélas, côté transparence, peu de gouvernements coopèrent. « Dans de nombreux pays membres du GAFI, il n'y a pas d'obligation de déclaration des transactions suspectes s'adressant directement aux opérateurs du marché de l'or ou aux autres institutions financières non bancaires opérant sur l'or. De plus, même si l'importation ou l'exportation de lingots d'or semble constituer l'une des pièces maîtresses des dispositifs de blanchiment faisant appel à cette matière, les membres ont indiqué que l'absence d'obligation de déclaration [...] semble entraver la détection des opérations illégales. »

Le trafic d'or a aussi retenu l'attention d'Interpol, qui y a consacré une mission de surveillance (opération « Stone »). La Suisse est régulièrement citée comme plaque tournante de la contrebande d'or et d'autres métaux précieux. Le MROS, bureau chargé de récolter les renseignements bancaires en vertu de la loi anti-blanchiment de 1997, a réussi l'exploit de ne relever qu'un seul et unique cas litigieux concernant l'or depuis 1999... cas bien connu de l'étranger pour avoir fait l'objet d'une demande d'entraide judiciaire auprès des autorités helvétiques [35].

Depuis quarante ans, le spécialiste Timothy Green admire « la facilité avec laquelle on peut acquérir ce métal précieux » en Suisse. Le pays achète, « vend aux gangsters et aux dictateurs qui aiment asseoir leurs projets futurs sur un gros tas d'or. Les grandes banques suisses prennent un air outragé devant de telles insinuations. "Nous sommes des banquiers et non des anges", dit un négociant zurichois ; "nous ne vendrions pas à un gangster si nous le savions". Ce mot "savoir" est le point crucial de l'affaire. La plupart des transactions se nouent par l'entremise des avocats et, bien entendu, la banque ne sait pas avec qui elle traite ; si elle était indiscrète, elle se heurterait à un mur de silence, et l'avocat irait voir ailleurs. Cependant, la dignité est sauvegardée ; la responsabilité de la banque n'est pas engagée vis-à-vis de la personne à laquelle l'avocat transmet l'or ».

Ni les banques suisses ni les raffineries suisses ne sont tenues de savoir d'où l'or provient réellement. Il en va de même pour les diamants : à Berne, l'Administration fédérale des douanes nous informe qu'une bonne partie des gemmes qui atterrissent en Suisse proviennent de Panama ou des Bahamas [36]. L'origine exacte ne compte pas. L'essentiel est que la marchandise arrive à bon port, grâce à des intermédiaires. La firme Metalor n'est ainsi « pas responsable » d'avoir accueilli à la fin des années 1980 plus de 300 kilos d'or en barres irakien dans ses locaux, par l'entremise du conseiller financier et demi-frère de Saddam Hussein Barzan al-Tikriti [37].

Au siège de l'UBS à Zurich, questionnée sur ce que faisait la grande banque pour garantir que ses lingots soient composés d'or propre, Rebeca Garcia, du service « relations médias », répondit : « Metalor et Argor sont les fournisseurs de tels lingots pour les banques, et donc responsables et intéressés pour la qualité et la provenance de l'or employé. Je vous prie de bien vouloir les contacter pour de telles informations. » Les raffineries délèguent elles aussi les responsabilités plus loin. À la même demande, la société d'affinage Valcambi, qui coule des lingots pour le Crédit suisse, renvoie à Newmont Mining, son fournisseur… et propriétaire. Quant à la société PAMP SA, elle aussi établie au Tessin près de la frontière italienne, c'est le géant AngloGold qui l'alimente par centaines de tonnes.

Pour les arrivages plus modestes, conseillers financiers, fiduciaires et avocats représentent de bons intermédiaires. Paradis fiscaux et zones franches viennent coiffer un système d'opacité qui arrange fort bien les réseaux mafieux, cautionnent et alimentent les trafics. Mais parfois, on se fait doubler. Les clients deviennent nerveux et les affaires tournent mal. C'est ce qui a mis fin au trafic d'or mis en place par un certain Olivier Bazin, qui vivait entre le Tchad (il tenait des établissements de jeu à N'Djamena) et l'Hexagone : proche du président à vie du Gabon, Omar Bongo, et de sa famille, Olivier Bazin « a été mandaté par le fils Ali Bongo pour négocier en France des dizaines de lingots d'or et récupérer du cash. Il a alors déniché un intermédiaire avocat dans le 16e arrondissement de Paris, Me Boulin, qui a trouvé des clients contre une commission de 5 à 10 % ». Selon l'enquête de la première division de police judiciaire de Paris, six transactions portant chacune sur 10 kilos d'or, monnayés à chaque fois entre 100 000 et

150 000 euros, ont été réalisées entre janvier et juin 2002. Démasqués à l'issue d'un règlement de comptes interne, les compères ont été mis en examen pour « contrebande et blanchiment », puis écroués [38].

Pour un réseau démantelé, combien subsistent ? Combien de syndicats de la contrebande et de trafiquants évacuent chaque jour d'Afrique la fabuleuse richesse du continent le plus pauvre du monde ? Deux ans après la fin de l'apartheid, le procureur général Andre P. de Vries estimait à Johannesburg que les activités des syndicats internationaux du crime causaient à l'Afrique du Sud la perte de quelque 300 millions de dollars par an de revenus sur l'or [39]. L'entraide judiciaire requise auprès des destinataires de cet or (Suisse, Angleterre, principalement) se heurte invariablement au secret bancaire et à la juridiction savamment complexe des pays hôtes.

Le contrôle est encore plus difficile à établir pour les États dont une partie de la production est issue de l'orpaillage. Une production intéressante, puisqu'elle est souvent écoulée sur des marchés parallèles, et à prix cassés. Cet orpaillage africain représenterait une production annuelle de plus de 50 tonnes, soit une valeur potentielle de 8 milliards d'euros, au cours actuel [40]. On peut estimer qu'un tiers au moins de cette fortune est exporté illégalement du continent. Il faudrait encore ajouter à cette somme les manques à gagner sur tout l'or africain extrait par les multinationales…

Comme le disait l'inamovible président du Sénégal, Abdoulaye Wade : « L'Afrique est devenue une vaste passoire pour toutes sortes de trafics. » On le constate jour après jour. « Il suffit d'observer la sécurité dans nos aéroports et à nos frontières terrestres et maritimes, la facilité avec laquelle des étrangers peu recommandables peuvent se procurer nos passeports diplomatiques, les valises tout aussi “diplomatiques” servant à faire passer en fraude diamants, or, devises... » ajoute Jean-Paul Ngoupande dans un article du *Monde* intitulé « L'Afrique suicidaire » [41].

Une Afrique suicidaire ? De plus en plus de voix s'élèvent pour dénoncer au contraire une Afrique suicidée, et suicidée avec l'assistance intéressée des puissances occidentales. Une vigilance de tous les instants, le travail en commun des populations locales victimes de ce pillage et des diasporas à l'étranger, la concertation des ONG africaines avec leurs consœurs au-delà des mers, doivent se poursuivre inlassablement, pour accuser les principaux acteurs responsables du pillage du continent noir, circonscrire puis neutraliser autant que possible leurs mécanismes de prédation. C'est le souhait d'une majorité écrasante de l'humanité, pour qui les termes « citoyenneté » et « patrimoine mondial » ont encore un sens. Cette majorité n'a pas, n'a plus à supporter les exactions commises au profit d'une minorité qui évolue au-dessus ou en dehors des lois.

Annexes

« L'eau, l'air & la terre de Sadiola sont menacés. La survie de notre population est menacée. »

L'exploitation aurifère de Sadiola – région de Kayes – fut financée aux 2/3 (soit 160 millions de dollars) par les prêts de banques publiques nationales et internationales : Caisse française de développement 18 millions, Proparco 12 millions (France) ; FMO 15 millions (Hollande) ; DEG 15 millions (Allemagne) ; BEI 40 millions (Europe) ; SFI 60 millions (Banque Mondiale) – *cf* <www.worldbank.org> : Sadiola financing plan.

Ces sommes furent dirigées vers les compagnies multinationales minières privées qui exploitent le site – l'État ne touchant que le minimum légal en vigueur pour livrer l'accès à ses ressources minières. Elles furent catalysées par la Banque mondiale, sur la base des garanties environnementales formulées dans l'étude d'impact environnemental (EIE) Envirolink 1994.

L'exploitation de la mine a drainé un afflux massif de population : mineurs (souvent célibataires), camionneurs, hommes en quête de travail – d'où la dégradation des mœurs de notre commune, la démultiplication de la prostitution professionnelle ou occasionnelle… en conséquence, la propagation alarmante du VIH dans notre région.

Ces ouvriers travaillent dans des conditions dangereuses : conduite de véhicules vétustes, respiration permanente de poussières, exposition aux émanations toxiques des produits de traitement. Nous constatons le décès ou l'invalidité de dizaines d'ouvriers de l'exploitation.

L'extraction du minerai comme la circulation de véhicules de fort tonnage sur la route Sadiola-Kayes, non bitumée, génère des poussières très importantes en particules respirables, chargées d'arsenic, plomb, cadmium, antimoine... Nous constatons l'augmentation de la fréquence des maladies respiratoires au sein des populations locales, en particulier chez les personnes âgées et les enfants.

Le minerai est traité au cyanure utilisé par dizaines de milliers de tonnes, et rejeté dans le bassin de boues de Sadiola dépourvu de tout revêtement ou, pour l'exploitation annexe de Yatela, revêtu d'un film plastique sans aucun contrôle des eaux de surface ou souterraines. Nous constatons que ni les recommandations formulées dans le rapport Envirolink (1994) ni les lignes directives de la Banque mondiale dans le domaine minier (1995) sur la qualité de l'eau et de l'air ne sont appliquées à Sadiola. En effet, la SEMOS (Société d'exploitation des mines d'or de Sadiola) ne s'est pas dotée d'instruments de mesure garantissant l'application de ces normes. De plus, malgré leurs lacunes, les mesures effectuées à Sadiola demeurent préoccupantes : ainsi le taux de cyanure total du puits de contrôle BH1 s'élève jusqu'à 0,5 mg/l à la saison des pluies 1998, révélant une contamination des eaux de surface à cette période. (L'EIE Envirolink 1994 préconise un taux de cyanure total maximum de 0,1 mg/l pour les eaux de boisson.) Nous constatons de nombreuses fausses couches et décès d'enfants en bas âge dans les villages les plus exposés lors des débordements des bassins à boues...

Nous constatons la perte de cheptel ovin et bovin, la perte de terres cultivables, la violation de nos sites sacrés...

Nous sommes préoccupés du drainage acide minier généré par l'extraction de minerai sulfuré depuis 2002, particulièrement dans la carrière principale de Sadiola ainsi que les carrières satellites – provoquant à moyen et long terme l'infiltration de métaux lourds jusqu'aux nappes phréatiques.

L'eau, l'air et la terre de Sadiola sont menacés. La survie de notre population est menacée.

Aujourd'hui se profile la calamité écologique sur notre région.

Demain, qu'en sera-t-il de Sadiola ?

Enfin, les exploitations minières se multiplient sur le Mali. À Syama, aujourd'hui désaffectée, les populations meurent tout doucement de maladies non diagnostiquées. Les eaux souterraines et les eaux de ruissellement sont polluées. Les mines de Morila, Loulo sont entrées à leur tour en production. Les explorations se poursuivent intensivement sur tout le territoire malien. Nous exigeons la mise en place d'un contrôle fiable des normes environnementales sur ces exploitations, afin de protéger la santé des populations locales.

Le maire de Sadiola,
Forum des peuples de Siby, Mali, 3 juin 2003

Appel de l'Association des ressortissants de Kenieba

La mine d'or de la commune de Sitakily à Kenieba dans la région de Kayes, dans le sud-ouest du Mali, est exploitée depuis l'été 2005. Elle est détenue par une multinationale sud-africaine, Rangold, et par une canadienne, Nevsun. Lorsque le projet s'est développé, toutes nos terres ont été bradées sans consultation et aucune information préalable sur l'impact environnemental, sanitaire et social n'a été fournie aux habitants des deux sites – à Loulo et à Tabacoto – sur lesquels s'est installée la mine. Le résultat de cette désinformation est grave :

— Ces mines sont exploitées à ciel ouvert et utilisent le cyanure pour extraire le métal.

— Le poison du cyanure contamine l'eau des rivières, du fleuve la Faleme et des nappes phréatiques. Il met en danger des populations qui se nourrissent principalement des produits issus de l'agriculture irriguée par cette eau polluée (arachides, manioc, haricots).

— L'eau polluée a commencé à provoquer des maladies qui touchent les plus faibles, notamment les femmes et les enfants, et provoqué en septembre la première victime connue.

— Le transport des boues de traitement du minerai est partout problématique. À Loulo, le tuyau en plastique (!) qui transporte les boues cyanurées traverse le village, et présente un danger mortel pour les villageois en cas de rupture.

— La mise en exploitation de la mine a provoqué le triplement de la population sans que les investissements des compagnies minières aient bénéficié aux habitants en termes d'emploi et de services publics. Les équipements minimums – dispensaires, maternité, mairie, écoles, routes – manquent et la population se sent délaissée.

Nous, habitant en France et au Mali, originaires de Kenieba, exigeons des compagnies minières et des autorités maliennes :

1) La décontamination et la sécurisation des sites miniers et de leur environnement.

2) La neutralisation du cyanure avant rejet dans l'environnement.

3) La mise aux normes internationales du transport de cyanure et de boues cyanurées, notamment le remplacement des tuyaux de plastique par des tuyaux métalliques, et le retrait du tuyau cyanuré de Djidian-Kenieba sur une échelle conforme aux normes internationales

4) La communication des analyses de l'eau pratiquées par la Direction nationale de l'hydraulique, aux responsables et aux habitants de la commune.

5) La communication aux habitants du contrat et de tout accord entre l'État malien et les compagnies minières.

6) La construction de services sanitaires, d'éducation et de formation, et le développement des services publics adaptés à l'accroissement de la population.

7) L'indemnisation juste des habitants déplacés à cause de l'exploitation de la mine.

8) La construction d'infrastructures routières entre Kayes et la vallée de Kenieba, afin d'assumer le trafic routier de plus en plus dense sur cet axe qui traverse de nombreux villages, la poussière soulevée par les nombreux poids lourds provoquant des pathologies respiratoires graves chez les villageois qui l'inhalent continuellement.

L'ARK appelle les résidents, originaires des villages concernés, les citoyens maliens, africains et l'opinion publique française à se mobiliser pour soutenir par tous les moyens nécessaires nos revendications. Il les appelle à venir s'informer et à débattre avec nous le vendredi 26 janvier 2007 à la salle des fêtes de la mairie du 19e arrondissement de 17 h à 22 h (métro Laumière, ligne 5).

Association des ressortissants de Kenieba,
soutenue par Paris–Insert

Oberzolldirektion
Direction générale des douanes
Direzione generale delle dogane

Eidgenössische Zollverwaltung EZV
Administration fédérale des douanes AFD
Amministrazione federale delle dogane AFD
Administraziun federala duana AFD

OZD / STAT

Berne, le	23.01.2006
Votre référence:	G. Labarthe
Votre communication du:	9 janvier 2006
Notre référence:	921.21 112 FR/06.001
Affaire traitée par:	F. Demagistri

Monsieur
Labarthe Gilles
178, rue Jeanne d'Arc
75013 Paris
France

Renseignements statistiques sur les importations et exportations d'or

Monsieur,

Les importations et exportations d'or en barre ne font pas partie de la statistique du commerce extérieur suisse. Ces flux de marchandises sont toutefois repris dans une statistique séparée.

Seul le total des importations et exportations figurait jusqu'à l'an dernier dans notre publication annuelle et sera à l'avenir disponible sur notre page internet. Par contre, des résultats détaillés par pays de provenance et par pays de destination demeurent confidentiels et ne peuvent ainsi être communiqués. Cette pratique découle d'une décision du Conseil fédéral qui s'est basé sur les motifs suivants pour justifier son choix :

- La publication de données détaillées affaiblirait les conditions de concurrence du marché suisse de l'or vis-à-vis des autres pays qui d'ailleurs ne divulguent aucun résultat circonstancié.
- La statistique de l'or à l'entrée comme à la sortie n'a qu'une valeur informative restreinte puisqu'elle ne recense que l'or franchissant physiquement la frontière douanière. En effet, les transactions d'or effectuées dans le trafic de port franc (entrepôt douanier) ne sont pas reprises dans la statistique.

Une révision de cette pratique est néanmoins prévue. Toutefois aucune décision n'a pour l'heure été prise.

Au vu de ce qui précède, nous avons le regret de vous annoncer que les statistiques souhaitées ne pourront vous être livrées.

Tout en restant à votre entière disposition pour d'autres renseignements, nous vous prions d'agréer, Monsieur, nos salutations les meilleures.

Division statistique du commerce extérieur et questions économiques

Balmer Hans-Ruedi

Monbijoustrasse 40, CH-3003 Berne
Tél. +41 (0)31 322 65 25, fax +41 (0)31 323 39 27
Compte postal 30-704-6

http://www.ezv.admin.ch
ozd.aussenhandelsstatistik@ezv.admin.ch

L'Assemblée fédérale – Le Parlement suisse

Curia Vista - Objets parlementaires

06.1022 – Question

Or issu du conflit en République démocratique du Congo

Déposé par	Lang Josef
Date de dépôt	22.03.2006
Déposé au	Conseil national
État des délibérations	Liquidé

Texte déposé

En octobre 2002, un rapport d'experts de l'ONU citait la Suisse au rang des nations par lesquelles des ressources exploitées illégalement en République démocratique du Congo (RDC) transitaient régulièrement ou dans lesquelles elles étaient souvent utilisées (doc. de l'ONU S/2002/1146, art. 141). En janvier 2003, le Conseil de sécurité de l'ONU condamnait catégoriquement l'exploitation illégale des ressources naturelles de la RDC, car le commerce qui en découle attise le conflit (résolution n° 1457 du Conseil de sécurité de l'ONU). Le 28 juillet 2003, le Conseil de sécurité de l'ONU exigeait de tous les États qu'ils s'assurent qu'aucun soutien direct ou indirect, notamment militaire et financier, ne soit apporté aux mouvements et aux groupes armés présents en RDC (résolution n° 1493, art. 18). Le Conseil fédéral mettait en œuvre certaines de ces mesures d'embargo en juin 2005 au moyen d'une ordonnance (RS 946.231.12). L'article 18 de la résolution n° 1493 (2003) n'a toutefois pas été appliqué.

Il était déjà connu auparavant que, depuis l'adoption de la résolution n° 1493, des entreprises suisses avaient également fait du commerce avec de l'or pillé en RDC (*cf* également le récent rapport du groupe d'experts de l'ONU datant du 27 janvier 2006 concernant l'entreprise Argor-Heraeus).

C'est pourquoi je pose les questions suivantes au Conseil fédéral :

1. Pourquoi n'a-t-il pas mis en œuvre l'article 18 de la résolution n° 1493 ?

2. Quelles entreprises ayant leur siège en Suisse participent actuellement au commerce de ressources naturelles exploitées illégalement en RDC ?

3. Qu'entreprend-on pour surveiller le respect de l'embargo de l'ONU par les entreprises suisses ?

4. Le Conseil fédéral est-il d'avis que les métaux précieux provenant de RDC, qui sont échangés sans les autorisations exigées par la loi minière de ce pays, peuvent être considérés comme « acquis légalement » au sens des articles 151(1) et 168(1) de l'ordonnance sur le contrôle des métaux précieux ?

5. Est-il disposé à rendre la législation suisse sur le contrôle des métaux précieux utilisable, afin de combattre le commerce de métaux précieux pillés dans des régions en conflit ?

6. Soutiendra-t-il les activités du groupe d'experts onusien actuel, qui explore un système de traçabilité

(*traceability system*), afin de surveiller le respect de l'embargo contre la RDC ?

7. Est-il prêt à améliorer le contrôle sur le stockage dans des ports francs en particulier d'or issu de régions en conflit, et plus précisément à maintenir les métaux précieux sur la liste des « marchandises sensibles » au sens de la nouvelle loi sur les douanes du 18 mars 2005 ?

Réponse du Conseil fédéral du 24.05.2006

Membre des Nations unies, la Suisse est tenue d'appliquer les décisions du Conseil de sécurité de l'ONU concernant la République démocratique du Congo (RDC). À cet effet, le Conseil fédéral a édicté le 22 juin 2005 l'ordonnance instituant des mesures à l'encontre de la RDC (RS 946.231.12, dénommée ci-après : « ordonnance »). La loi sur les embargos (LEmb, RS 946.231) ne permet pas au Conseil fédéral d'aller au-delà des décisions du Conseil de sécurité de l'ONU en instaurant par exemple des mesures de contrainte qui consisteraient à prononcer une interdiction générale du commerce applicable à toutes les ressources naturelles provenant de la RDC.

Pour répondre question par question :

1. L'article 1 alinéa 2 de l'ordonnance interdit notamment toute forme d'assistance, y compris le financement et l'aide financière, se rapportant à des activités militaires en RDC. Le paragraphe 18 de la résolution n° 1493 exige que tous les États s'assurent qu'aucun soutien, notamment militaire et financier, n'est apporté aux mouvements et aux groupes armés présents en RDC.

L'article de l'ordonnance mentionné recouvre, quant au fond, le paragraphe 18 de la résolution n° 1493. D'autres États, de même que l'UE, utilisent la même formulation que la Suisse.

2. L'administration fédérale n'a connaissance d'entreprises suisses participant au commerce de ressources naturelles issues des régions de la RDC en conflit que dans quelques cas d'espèce. Toutefois, pour des raisons de protection des données, les noms de ces entreprises ne peuvent pas être rendus publics.

3. Le SECO surveille la mise en œuvre de l'embargo sur les armements et le gel des avoirs et des ressources économiques à l'encontre de la RDC. En ce qui concerne les avoirs gelés, il existe une obligation de déclarer. Les contrôles à la frontière incombent à l'Administration fédérale des douanes. Les organes de contrôle sont habilités, aux termes de l'article 3 LEmb, à exiger des entreprises toutes les informations et tous les documents nécessaires pour procéder à une appréciation globale ou à un contrôle.

4. La pratique du Bureau central du contrôle des métaux précieux veut qu'on n'examine pas, dans le cadre de l'application de l'ordonnance sur le contrôle des métaux précieux (OCMP, RS 941.311), si les métaux précieux ont été acquis à l'étranger légalement ou non : pour importer en Suisse des lingots et produits de la fonte, il suffit dès lors de prouver, conformément à l'article 157 alinéa 2 OCMP, que le métal est d'origine étrangère. Des investigations plus poussées exigeraient énormément de temps et de ressources.

5. La législation concernant le contrôle des métaux précieux n'est pas prévue dans ce but. Le Conseil fédéral relève toutefois que le commerce de métaux précieux bancaires est soumis à des obligations de diligence, notamment aux obligations d'identification et de clarification, en vertu de la loi sur le blanchiment d'argent (RS 955.0). Dans ses contrôles auprès des intermédiaires financiers pratiquant le commerce de métaux précieux, l'autorité de contrôle en matière de lutte contre le blanchiment d'argent voue une attention particulière au commerce d'or provenant de régions en conflit. Aux termes de l'article 305 du code pénal (RS 311.0), le commerce d'or provenant d'un crime peut en outre faire l'objet de poursuites pénales et de sanctions pour blanchiment d'argent.

6. Le Conseil fédéral est prêt à discuter, conjointement avec d'autres États et acteurs, des possibilités de mise en place d'un système de dépistage des ressources naturelles, comme il l'a déclaré dans sa réponse à la motion CPE-CN 04.3622 concernant l'engagement de la Suisse dans la région des Grands Lacs. Il juge toutefois exigeante la mise en place du système de dépistage proposé par le groupe d'experts de l'ONU. Hormis la question de la faisabilité technique de ce système, il s'agit de s'assurer également d'un soutien politique sans réserve de la part des États de la région. Le Conseil fédéral estime qu'un tel système de contrôle doit être financé en premier lieu par les États directement concernés et par les compagnies minières, raffineries et sociétés commerciales, lesquels doivent être en tout cas étroitement associés au projet.

7. L'Assemblée fédérale a adopté le 18 mars 2005 une nouvelle loi sur les douanes qui oblige les dépôts francs à tenir un inventaire de marchandises sensibles. Le Conseil fédéral définira, dans l'ordonnance relative à la nouvelle loi sur les douanes, quelles sont les marchandises réputées sensibles et qui sont soumises à inventaire. Il est prévu que les marchandises dont traite le chapitre 71 du tarif des douanes, notamment les métaux précieux, les plaqués ou doublés de métaux précieux et les ouvrages en la matière, soient soumises à cette obligation.

Compétence Département de l'économie (DFE)
Conseil prioritaire : CN

Le rôle des banques dans la prédation des richesses minérales

Dans deux études de cas sur l'incroyable prédation des ressources pétrolières du Congo-Brazzaville et de l'Angola [1], je me suis aperçu que les principales banques françaises (la BNP-Paribas, la Société générale, le Crédit agricole, le Crédit lyonnais, le groupe Natexis) se ruaient sur les montages financiers (les préfinancements ou prêts gagés, notamment), étendant à la décennie future les escroqueries du présent.

Ce n'est pas aux associations de Publish What You Pay que je l'apprendrai, la plupart des pays pétroliers du Sud sont des dictatures bénies par les démocraties occidentales, et l'argent du pétrole, détourné des budgets des pays producteurs, est pour l'essentiel partagé entre clans au pouvoir et *majors* de l'or noir [2]. Ces compagnies ont des liens très étroits avec les gouvernements de leur siège, américains, britannique, français et néerlandais : comme l'affaire Elf l'a montré, le secret entourant les stratégies et l'argent du pétrole va de pair avec le financement occulte des partis politiques occidentaux, la grande corruption de bon nombre de leurs dirigeants, une liaison permanente avec le commerce des armes (lui-même farci de rétrocommissions) et une omniprésence des services secrets. Ceux-ci assurent à la fois la « sécurité » des investissements occidentaux et prélèvent dans l'exploitation pétrolière le surcroît de ressources financières que, avouent-ils parfois, les gouvernements démocratiques n'ont « pas le courage de leur voter ».

Les pays pétroliers sont ainsi étroitement « tenus », même lorsqu'y sont entretenus des conflits ouverts ou larvés qui peuvent les ruiner, comme en Angola ou au Congo-B. S'agissant de ce dernier pays, j'ai pu montrer qu'un même personnage, Jack Sigolet, bras droit du « Monsieur Afrique » d'Elf, André Tarallo, organisait à la fois le partage du butin pétrolier, la gestion de la dette congolaise – montée comme œufs en neige – et l'utilisation d'une partie de cet argent pour fournir en armes les deux camps de la guerre civile. Le même cynisme a été observé en Angola. Au Congo-B, le régime a commis en 1999 une série de crimes contre l'humanité, massacrant plus de 50 000 civils et encourageant le viol collectif systématique de plusieurs dizaines de milliers de femmes. Il a récidivé en 2002. Les plus grandes banques françaises n'ont cessé de se précipiter à Brazzaville pour financer cette dictature prédatrice et exterminatrice.

En Afrique et ailleurs, la banque Paribas a été, avec le courtier Glencore, à la pointe des montages sophistiqués d'évasion de l'argent du pétrole. Le vendeur d'armes Pierre Falcone, protégé par la DST et la CIA, « avait une lettre officielle le nommant mandataire, lui donnant donc le droit, pour faire des règlements en fonction des instructions qu'il recevait, de gérer le compte angolais en France, ouvert à Paribas [3] ». Arcadi Gaydamak, le compère de Falcone dans l'Angolagate, protégé par le FSB (ex-KGB), le Mossad et la DST, lui décerne la palme : « Paribas est la principale banque au monde pour les préfinancements pétroliers [4] ».

Mais la Société générale et le Crédit agricole (CA) cherchent à rattraper ce précurseur. Le second a absorbé l'héritière des financements coloniaux, la banque Indosuez, puis en 2000 la filiale suisse de la CIBC (Canadian Imperial Bank of Commerce), l'un des établissements financiers préférés des pétrodictateurs africains. Il est devenu le principal actionnaire du Crédit foncier de Monaco, la banque du réseau Pasqua et d'Alfred Sirven, manitou des financements politiques d'Elf.

En peu de temps, le CA s'est imposé en Suisse comme l'un des leaders de la gestion de fortunes. On appelle cette activité la « banque privée ». Elle est présentée par un rapport du Congrès américain comme l'un des instruments privilégiés du blanchiment de l'argent. La Commission fédérale des banques helvétiques a épinglé le CA à propos des fonds détournés par Sani Abacha, l'ex-dictateur nigérian : c'est l'un des quatre établissements bancaires « ayant montré des défaillances plus graves », avec des « comportements individuels erronés crasses [*sic*] » ! À lui seul, le Crédit agricole a caché plus d'un milliard de francs français.

Le Crédit agricole s'est intéressé aux montages financiers de la présidence angolaise avant de venir en aide à l'allié congolais de l'Angola, Denis Sassou Nguesso. Fin 1998, avec l'appui de l'Élysée, il a monté un préfinancement de 60 millions de dollars en faveur de cette dictature sanguinaire, basé sur 1 200 000 tonnes de pétrole. L'opération s'est réalisée avec la Banque française de l'Orient, installée avenue George-V... dans le même immeuble que la Fiba – la banque « privée » d'Elf. De quoi conforter le régime de Brazzaville qui, presque aussitôt, vers Noël 1998, entreprendra la « solution finale » des résistances sudistes.

Indosuez est une spécialiste de la pétrofinance. Elle détenait 5,26 % de la Fiba, qui se servait d'Indosuez pour l'accès aux marchés internationaux. Quant à la Belgolaise, elle a été accusée par le président congolais évincé, Pascal Lissouba, d'avoir permis à Elf (avec Elf-Trading et la Fiba) de financer son renversement par Sassou Nguesso, moyennant une guerre civile de juin à octobre 1997.

Magicien de la pétrofinance, ex-président de la Fiba, Jack Sigolet avoue une sorte d'addiction : « Elf a énormément utilisé la CIBC, pour au moins 30 % des préfinancements que j'ai montés. Et il n'y a pas qu'Elf qui l'utilise, puisque Total a monté l'an dernier un préfinancement pour l'Angola à la CIBC, devenue Crédit agricole international. [5] »

Indépendamment même de tout détournement, le financement des pays pétroliers torturés par des dictatures et/ou des guerres civiles se révèle une excellente affaire, expliquent ingénument deux professionnels de Paribas, Matthieu Lacaze et Emmanuel de Lutzel, dans *Banque magazine* en septembre 2003. L'image de ces pays est tellement dégradée que les risques y semblent très élevés, et donc aussi les taux pratiqués. Mais les champs pétroliers sont parfaitement tenus par le complexe militaro-pétrolier occidental : « L'Angola vient de connaître vingt-sept ans de guerre au cours desquels pas une seule goutte de pétrole n'a manqué dans les contrats export. » Ce secteur fait « intervenir des intérêts si importants » qu'il « est surveillé de très près par les gouvernements et les majors : en conséquence, ces pressions entraînent une bonne performance des acteurs et un faible taux de défaut ». C'est « un marché dont les risques sont inférieurs à ceux du crédit à la consommation ». « Le rating [6] moyen des pays emprunteurs est proche de BB–, alors [...] que les pertes furent en ligne avec un portefeuille de type AAA. Que dire de mieux que de prendre du risque AAA rémunéré BB– ! » C'est effectivement le Pérou pour « le faible nombre de banques opérant sur ce marché » ! Un happy-few que tentent de rejoindre nombre de concurrents.

Il faut cependant être agréé « secret-défense » par les services secrets des pays de l'OTAN. Le pétrole, c'est la guerre. Il est lié depuis toujours aux *covert actions*, aux manœuvres subversives et aux « coups tordus » que le Congrès américain avait, à l'origine, formellement interdits lors de la création de la CIA, au début de la guerre froide. Tout cela nécessite énormément d'« argent noir », hors budgets légaux et hors circuits financiers officiels. C'est l'une des raisons de l'essor extraordinaire des paradis fiscaux sous la tutelle des grandes puissances occidentales, notamment de la place financière de Luxembourg, où de richissimes marchands d'armes et acrobates de la finance offshore comme Henry Leir et son héritier Nadhmi Auchi ont conçu, avec la mafia italienne et la CIA, la gigantesque coopérative bancaire Clearstream. Les plus grandes banques y croisent leurs flux. La moitié des comptes de ces grandes banques sont non déclarés, dans les paradis fiscaux – par où passent désormais la moitié de la circulation financière internationale [7]. Ainsi, les plus grandes banques ont désormais un pied dans la légalité du pays de leur siège, et un pied dans les « mondes sans loi » [8], ces paradis fiscaux où l'on met aux enchères le vol et la ruine de l'argent public, en même temps que l'exonération des contraintes sociales et environnementales. Il n'est pas étonnant, dès lors, que Clearstream ait abrité la plupart des grands scandales financiers de la fin du XXe siècle. Tel celui de la BCCI, reliant l'énorme rente pétrolière saoudienne au narcotrafic. Auchi était très proche d'Elf et du réseau Pasqua, animateur de la Françafrique prédatrice des matières premières africaines.

On pourrait multiplier les exemples des connexions troubles entre pétrole, armes, services secrets et argent sale des trafics mafieux. Les banques « agréées » mêlent tout cela dans leurs filiales offshore. Ces connexions sont la raison majeure de l'aggravation continue du pillage des pays du Sud producteurs de matières premières. Publish What You Pay n'y changera rien en obtenant des engagements publics superficiels : les circuits des détournements s'enfonceront plus profond. L'impunité va de pair avec le secret de la criminalité économique. À l'inverse, l'essor des biens publics a toujours été lié à la possibilité pour la police financière et le fisc de perquisitionner les comptes bancaires. Si nous n'exigeons pas la fin de l'anonymat des transactions financières internationales (ce qui signerait la fin de la raison d'être des paradis fiscaux), le combat que nous menons se révélera illusoire.

François-Xavier Verschave,
président de Survie

Principales références bibliographiques

Ces références constituent des sources partielles d'information. Certaines peuvent ne pas refléter du tout les vues des associations Oxfam France-Agir ici et Survie.

Agir ici et Survie, *L'Afrique à Biarritz. Mise en examen de la politique africaine de la France*, Karthala, 1995

Agir ici et Survie, Dossiers noirs de la politique africaine de la France, n° 1 à 5, *Les Liaisons mafieuses de la Françafrique*, L'Harmattan, 1996

Bolya, *L'Afrique, le maillon faible*, Le Serpent à plumes, 2002

Sandra Bott, Sébastien Guex et Bouda Etemad, *Les Relations économiques entre la Suisse et l'Afrique du Sud durant l'apartheid (1945-1990)*, Antipodes, 2005

Colette Braeckman, *Les Nouveaux Prédateurs. Politique des puissances en Afrique centrale*, Fayard, 2003

Alain Deneault, *Paul Martin & compagnies*, VLB, 2004

Raymond Furon, *Les Ressources minérales d'Afrique*, Payot, 1961

Timothy Green, *Le Monde de l'or*, Fayard, 1968

Human Rights Watch, *Le Fléau de l'or*, HRW, 2005

Joseph Ki-Zerbo, *À quand l'Afrique ?*, L'Aube, 2003

Grey Lannieng et Marti Mueller : *Africa Undermined : mining compagnies and the underdevelopment of Africa*, Penguin Books, 1978

Jacques et Jean-Pierre Lenormand, *L'Or et le diamant en France métropolitaine et dans l'Union française*, SEF, 1951

Jules Lepidi, *L'Or*, PUF, [1958] 1997

Philippe Madelin, *L'Or des dictatures*, Fayard, 1993

Greg Palast, *The Best Democracy Money Can Buy*, Plume, 2003

Rani Parker et Fred Wood, *Trésor caché ? À la recherche des revenus de l'exploitation aurifère du Mali*, Oxfam America, 2006

Joseph E. Stiglitz, *La Grande Désillusion*, Fayard, 2002

François-Xavier Verschave, *La Françafrique. Le plus long scandale de la République*, Stock, 1998

François-Xavier Verschave, *Noir silence. Qui arrêtera la Françafrique ?*, Les Arènes, 2000

Jean Ziegler, *Les Nouveaux Maîtres du monde, et ceux qui leur résistent*, Fayard, 2002

Principaux sigles utilisés

APD : aide publique au développement [française]

BRGM : Bureau de recherches géologiques et minières

CFA : [francs de la] Communauté financière africaine

CIA : Central Intelligence Agency [services de renseignement américains]

DGSE : Direction générale de la sécurité extérieure [services secrets français]

FMI : Fonds monétaire international

GAFI : Groupe d'action financière sur le blanchiment de capitaux

HRW : Human Rights Watch

ITIE : Initiative pour la transparence des industries extractives

ONG : organisation non gouvernementale

ONU : Organisation des Nations unies

RDC : République démocratique du Congo

SBS : Société de banque Suisse

SEMOS : Société d'exploitation des mines d'or de Sadiola

SFI : Société financière internationale

Somadex : Société malienne d'exploitation [filiale du groupe Bouygues]

UBS : Union de banques suisses

Notes

Introduction

1. Jules Lepidi, *L'Or*, Presses universitaires de France, [1958] 1997.

2. *Ibid.*, p. 55-56. « L'Afrique n'a pas grand-chose à craindre des producteurs de métal jaune, d'autant que l'extraction est en baisse dans d'anciens pays miniers, comme les États-Unis, le Canada et l'Australie. En revanche, la production en Chine et dans l'ex-bloc soviétique est en pleine expansion ». (*Jeune Afrique Économie*, 17 juin 1996, n° 220, p. 33.)

3. Voir l'analyse de Charlotte Cans, « Pour tout l'or de l'Afrique », *Jeune Afrique l'Intelligent-Écofinance*, 21 novembre 2004, n° 2289.

4. Il s'agit de Malcolm Rifkind, en 1996. Dans les années 1990, « les dépenses d'exploration en Afrique ont grossi jusqu'à devenir les quatrièmes mondiales », après l'Amérique latine, l'Australie et le Canada. (« L'industrie minière en Afrique a encore besoin d'investissements », *Marchés Tropicaux*, 18 avril 1997, n° 834.)

5. Timothy Green, *Le Monde de l'or*, Fayard, 1968.

I. Comment l'or ruine l'Afrique

1. « Le 18 mars 1996, trois cents Africains réclament leur régularisation en sortant de l'église Saint-Ambroise à Paris dans le 11e arrondissement. Ce fut le début d'un mouvement mettant en lumière une catégorie d'étrangers habituellement cachés et ignorés : les sans-papiers. Aux yeux de tous, du pouvoir comme de l'opinion publique, ils revendiquent le droit à des papiers, condition essentielle de leur existence enfin affirmée. Très vite, un large mouvement de soutien va se constituer et se manifester, surtout après leur expulsion : les forces de police ont brisé la porte de

l'église Saint-Bernard à coups de hache, le 23 août 1996. » (Réseau d'information tiers-monde des centres de documentation pour le développement, <www.ritimo.org>.)

2. *Marchés tropicaux*, 27 août 1999, n° 1716.

3. <www.iamgold.com>.

4. Cité par *La Lettre du Continent*, 17 septembre 2002.

5. En 2002, le Mali était classé 174e sur 177. Il est tombé à la 175e place les années suivantes. (PNUD, *Rapport mondial sur le développement humain 2004*.)

6. Les citations de François-Xavier Verschave mentionnées ici sans autre référence sont des extraits de notes pour son projet initial de livre sur l'or de Sadiola.

7. Groupe de recherches et de réalisations pour le développement rural, <www.grdr.org>.

8. D'après Émilie Counil, « le débordement de la saison des pluies 1998 est montré par les mesures effectuées par la SEMOS – communiquées avec beaucoup de mauvaise volonté : le taux de cyanure total sur BH1 (puits de contrôle de la nappe phréatique, proche du bassin de boue) monte jusqu'à 0,5 mg/l, au lieu des 0,2 mg/l habituels – seuil de la mesure de qualité de l'eau assurée par SEMOS. Notons que ce seuil de 0,2 mg est supérieur au maximum tolérable dans les eaux de boisson (0,1 mg/l pour Envirolink, mandatée par la SEMOS ; 0,07 mg/l pour l'OMS). La SEMOS ne reconnaît pas ces débordements (répétitifs selon les villageois). Par ailleurs des éléments mentionnés ne sont pas analysés (chlore, fluor, cadmium, mercure) ; le plomb semble également ne pas être mesuré, ou l'être au seuil de 0,1 mg/l, quand le maximum pour Envirolink est de 0,05 mg/l. En d'autres termes, la SEMOS ne peut garantir la qualité de l'eau potable locale ».

9. Un programme de lutte contre le sida a depuis été mis en place. « Il s'agit de sensibiliser les populations via des ONG en relation avec la radio locale, d'informer les prostituées, de placer des distributeurs de préservatifs dans les toilettes des ouvriers. AngloGold s'est engagée financièrement dans cette action, ainsi que sur ses autres mines maliennes », souligne Camille de Vitry.

10. <www.leprixdelor.com/lire.php>

11. « L'or qui tue à petit feu : solidarité avec les mineurs maliens », *Solidarités*, 31 janvier 2006, n° 81, p. 12-13.

12. Pour la mine de Morila, au sud-est du Mali, des mineurs prétendent que la société d'exploitation produit 4 à 7 tonnes pas mois, et non les 2 à 3 tonnes déclarées. Sadiola produisait officiellement environ 15 tonnes d'or pur dans les années 2001-2002. Faiblesse des institutions étatiques maliennes et corruption de fonctionnaires expliquent ce manque de contrôle de l'activité réelle des multinationales. On est loin des déclarations du ministre de l'Énergie et des Mines, Hamed Diane Semega, qui déclarait encore à la presse internationale en mars 2003 : « L'État exerce un rôle de conseil et de contrôle sur l'ensemble des mines en exploitation au Mali. » Lire son interview *in* Isabelle Renaud et André Mora, « Faire de l'or un levier de développement au Mali », <www.novethic.fr/novethic/site/article/index.jsp?id=33195>, 5 mars 2003.

13. Xavier Harel, *Afrique, pillage à huis clos. Comment une poignée d'initiés siphonne le pétrole africain*, Fayard, 2006.

14. Cité *in* ARCSF, « Synthèse des incidences sanitaires et environnementales liées à l'exploitation aurifère de Sadiola et des mesures correctives proposées », s. d.

15. Dépêche Reuters, 15 février 2001.

16. Nicol Degli Innocenti, « Morila Mine Shines Brightly in Mali », *The Financial Times*, 21 février 2001.

17. *Ibid.*

18. *Ibid.*

II. Multinationales de l'or

1. On trouvera des informations officielles sur cette division sur <www.worldbank.org/mining>.

2. Cette coalition d'ONG avait appelé au boycott de la consultation proposée par une filiale du groupe Banque mondiale, la Société de finance internationale (SFI), les 29 et 30 novembre 2004 à Nairobi (Kenya). Leur position et leurs tentatives infructueuses d'obtenir des

informations appropriées de la part de la SFI sont rappelées sur le site <www.minesandcommunities.org>, réalisé par trois ONG britanniques et regroupant des informations très complètes sur les activités minières et leurs répercussions pour les populations locales. Les informations sont classées par minerai, par multinationales d'extraction, par continent et par pays.

3. Son coût de développement total est estimé à environ 350 millions de dollars.

4. ENS, « Ghana Journalists Condemn Newmont Gold Mining Campaign Aimed at Children », 23 janvier 2006, <www.minesandcommunities.org/Action/press896.htm>.

5. La SFI a encore été priée par une coalition de six ONG incluant Oxfam-America, Earthworks and Bank Information Center de remettre en cause ce financement en janvier 2006 en attendant les résultats d'une étude d'impact social et environnemental. En vain. (« Groups appeal to World Bank unit over Newmont mine », Reuters, 30 janvier 2006.)

6. Les Amis de la Terre international, le Réseau d'Appui Indigène et le Centre du quart-monde pour une loi et une politique indigènes (tous deux de l'université du Colorado de Denver).

7. Cette partie de cache-cache est relatée sur le site militant <www.stopnewmont.org>.

8. Voir <www.nodirtygold.org>.

9. Gilles Labarthe, « Vent contraire pour les multinationales anglo-saxonnes de l'or », DATAS, 17 octobre 2006, <www.datas.ch/article.php?id=423>.

10. <www.newmontghana.com>.

11. Dr Peter Claver Acquah, « Natural Resources Management and Sustainable Development : the case of the gold sector in Ghana », United Nations Conference on Trade and Development, document UNCTAD/COM/41, 15 août 1995.

12. Scott Pegg, « Poverty Reduction or Poverty Exacerbation ? World Bank group support for extractive industries in Africa », Department of political science, Indiana University-Purdue University Indianapolis (IUPUI), avril 2003, <www.foe.org/res/pubs/pdf/pegg.pdf>.

13. Lire le rapport de la section financière de la Banque mondiale intitulé « L'expérience de la SFI en Afrique » sur <www.ifc.org>.

14. « L'industrie minière en Afrique a encore besoin d'investissements », *Marchés Tropicaux*, 18 avril 1997, n° 834.

15. Selon un rapport publié fin novembre 1996 dans le *Financial Times*.

16. Radhika Sarin, Nikki Reisch, Jennifer Kalafut, Keith Slack : « Tarnished Gold. Mining and the Unmet Promise of Development », 18 septembre 2006, <www.earthworksaction.org/pubs/TarnishedGold.pdf>.

17. Patrick Sandouly, « La conquête de l'Ouest africain », *Jeune Afrique*, 28 mai 1997, n° 1899.

18. Kenneth Gooding, « Mali, l'or de l'Ouest », *Jeune Afrique*, 1er septembre 1994, n° 1756.

19. Les sociétés minières de seconde importance, ou « *juniors* », prennent plus de risques que les géantes (« *majors* »), qui leur rachètent des parts une fois que les gisements « découverts » se révèlent rentables. Randgold a ainsi vendu à AngloGold en avril 2000 la moitié de sa participation sur la mine de Morila, qui s'élevait à 80 %, pour la somme de 132 millions de dollars. Lire « Mali, de très bonnes perspectives pour l'or », *Marchés tropicaux*, 19 mai 2000.

20. Brigitte Lengwiler, « Revirement sur le marché des métaux précieux : l'or revisité », *L'Impartial*, 28 avril 1994, p. 6.

21. L'épuisement de certains gisements de l'hémisphère nord n'est pas la seule explication. « En effet, avec l'augmentation de la surveillance, suite aux réserves émises par les pays occidentaux, les compagnies se sont concentrées sur les coins les plus reculés de la planète, guidées par un puissant mentor, la Banque mondiale. L'institution [...] a justifié sa démarche en disant que les multinationales minières apporteraient des investissements, de même que des routes, des écoles et des emplois dans ces pays qui n'ont souvent rien d'autre à offrir que leurs ressources naturelles. La Banque mondiale a ainsi joué [...] les intermédiaires entre l'industrie minière et les autorités des pays aurifères. Devant son insistance, plus de cent gouvernements ont accepté de baisser leur fiscalité pour attirer les compagnies, explique James Otto, professeur adjoint de droit à l'université de Denver. » (« Exploitation débridée : les compagnies minières refusent de s'acquitter de leur dette environnementale », *Gauchebdo*, 25 novembre 2005.)

22. Jed Greer, « The Price of Gold. Environmental costs of the new gold rush », *The Ecologist*, mai-juin 1993, vol. 23, n° 3, p. 91-96 (traduction de l'auteur).

23. Une liste sommaire de ces contaminations observées dès la fin des années 1980 aux États-Unis est rappelée dans l'étude de Jed Greer précitée, mentionnant la réaction de l'US Environmental Protection Agency.

24. Ces annuaires étaient établis sous les noms de Classified Directory Publishers Inc., National Directory Publishers, Yellow Pages of America Inc. et Medi-Pages Inc. L'activité a été qualifiée de « malhonnête, déloyale, mais légale » par un expert en droit de Toronto.

25. « The Privatization of Rodney Stamler », *Eye Weekly*, 21 octobre 1999, <www.eye.net/eye/issue/issue_10.21.99/news/stamler.php>.

26. Voir <http://yorku.ca/nathanson/page4executivepersonnel.htm>.

27. « John Boultbee's $1.5-million friend », *The Globe and Mail*, 4 janvier 2006.

28. Brian Hutchinson, *Fool's Gold: the Making of Global Market Fraud*, Knopf Canada, 1998.

29. Buts et objectifs affichés sur <www.iamgold.com/fr/buts_et_objectifs.html>.

30. Gisèle Belem, « L'industrie minière malienne : la nécessité de la régulation et du renforcement des capacités », mémoire déposé dans le cadre des Tables rondes nationales sur la responsabilité sociale des entreprises et des industries extractives canadiennes dans les pays en développement, Les cahiers de la CRSDD de l'UQAM, coll. « Recherche », n° 18, 2006. Mentionnons aussi les publications du Groupe de recherche sur les activités minières en Afrique, <www.grama.uqam.ca>.

31. Lire : Alain Deneault, *Paul Martin & compagnies*, VLB, 2004.

III. Pillages, trafics, conflits armés

1. Selon les chiffres de la Banque mondiale. D'autres sources mentionnent 16 % des voix, pour une position toujours largement majoritaire

2. Comme l'analysent Walden Bello et Shalmali Guttal, chercheurs à Bangkok de l'ONG Focus on Global South. La Banque mondiale était alors connue pour ses tristement célèbres programmes d'ajustement structurels qui ont torturé les économies des pays en développement, sans apporter la croissance, et avec des projets très controversés, tels que les grands barrages. La « bonne gouvernance », les « prêts responsables pour l'environnement » et « l'implication de la société civile » sont apparus dans le vocabulaire du groupe financier, assisté par « une machinerie de relations publiques bien huilée dirigée par l'ancien auteur économiste Mark Malloch-Brown » (Joseph E. Stiglitz, *La Grande Désillusion*, Fayard, 2002.). Ces aménagements de façade n'ont pas empêché la démission fracassante en 1999 de Stiglitz, économiste en chef et vice-président de la Banque mondiale.

3. Walden Bello et Shalmali Guttal, « The Wolfensohn Era at the World Bank : A Decade of Contradictions », <www.nakedpunch.com/4/100-114 pdf>. La majeure partie de ce rapport est tirée du dernier ouvrage de Walden Bello, *Dilemmas of Domination : The Unmaking of the American Empire*, Henry Holt and Company, New York, 2005.

4. Walden Bello et Shalmali Guttal, « The Wolfensohn Era... », *art. cit.*

5. Les faits sont rappelés par l'Organisation de la société civile africaine, <www.minesandcommunities.org/Action/press502.htm>.

6. Walden Bello et Shalmali Guttal, « The Wolfensohn Era... », *art. cit.*

7. Rendu public en mai 2007, un rapport de sept membres représentant des pays actionnaires de la Banque mondiale concluait que, depuis son arrivée en 2005 à la présidence de la Banque, M. Wolfowitz a rejeté les règles internes de l'institution et cherché à les contourner. Il était notamment accusé d'avoir violé les règles éthiques de la Banque en intervenant personnellement pour décider

une augmentation de salaire de 36 % à une employée qui se trouvait être sa compagne. (« Paul Wolfowitz entre sanction et démission », *Le Figaro*, 16 mai 2007.) Malgré le soutien indéfectible de Washington et du clan Bush, M. Wolfowitz a finalement été contraint à la démission. (« La Banque mondiale cherche un président », AFP, 19 mai 2007.)

8. Lire « Exploitation débridée : les compagnies minières refusent de s'acquitter de leur dette environnementale », *Gauchebdo*, 25 novembre 2005 ; Jane Perlez & Kirk Johnson, « Behind Gold's Glitter : torn lands and pointed questions », *The New York Times*, 24 octobre 2005.

9. *Ibid.*

10. Pour en savoir plus sur le processus de révision en cours et les propositions et critiques de la société civile internationale, voir <www.grrr-now.org>.

11. Sébastien Godinot précise : « La SFI minore ses exigences par rapport aux normes actuelles. Elle n'exige plus d'étude d'impact "indépendante" : l'entreprise peut la réaliser elle-même. » Concernant les déplacements forcés de populations qui doivent laisser place aux compagnies minières, « des titres de propriété légaux sont requis pour bénéficier des compensations. L'obligation de réaliser une étude socio-économique de base de la zone du projet disparaît. La SFI viole l'engagement de mettre en place un mécanisme indépendant de suivi pour les grands projets, ou le besoin d'évaluer les impacts de chaque projet sur le développement et la réduction de la pauvreté. Enfin, les engagements publics de la SFI ne se traduisent pas dans les normes : notamment, les références aux droits humains sont tellement vagues qu'elles n'ont aucun sens. Cette évolution de la SFI est contre-productive pour tout le monde : les populations locales et l'environnement vont en faire les frais, et la SFI va encore largement perdre de sa crédibilité dans les projets qu'elle soutient. Quant aux entreprises et banques impliquées dans ces projets, elles seront encore plus exposées aux risques réputationnels, environnementaux et sociaux, puisque la couverture apportée par la SFI suffira de moins en moins pour garantir la viabilité environnementale et sociale d'un projet. La SFI fait le jeu des États refusant toute norme contraignante, mais aussi de ceux soutenant les investissements de leurs multinationales dans les pays du Sud, dont la France, qui ne veulent pas s'embarrasser du respect du droit international. C'est consternant car les citoyens demandent clairement l'inverse ».

12. Greg Palast, *Black List. Quinze grands journalistes américains brisent la loi du silence*, Les Arènes, 2003.

13. Greg Palast, « Democracy for sale », conférence donnée à Cambridge, 23 mars 2002, <www.think-twice.org.uk/2002/palast> ; lire aussi Greg Palast, *The Best Democracy Money Can Buy*, Plume, 2003, p. 90-95, 313-321.

14. Données fournies par la Société française de chimie, qui a réalisé un rapport sur l'or : <www.sfc.fr/donnees/metaux/au/texau.htm>.

15. « Barrick Gold Reserves Rise 40 % at Bulyanhulu », communiqué de presse de Barrick Gold, 4 octobre 2000.

16. Greg Palast, *The Best Democracy Money Can Buy*, *op. cit.*, p. 95, traduction de l'auteur.

17. On trouvera la position et les conclusions de Barrick Gold sur <www.barrick.com/Default.aspx?SectionID=a889765f-8a95-4dc5-87ce-85ffffaa33ba&LanguageId=1>.

18. Le 24 novembre 2001, les bureaux d'une association d'avocats spécialisés dans l'environnement, Lawyers Environmental Action Team (LEAT), faisaient l'objet d'une perquisition, durant laquelle des documents et des cassettes vidéo étaient saisis. Ces documents étaient relatifs au massacre en question. Le président de LEAT, Nshala Rugemeliza, se retrouvait au poste de police, puis inculpé pour sédition avec un autre avocat de LEAT, Tundu Lissu, et le leader d'un parti d'opposition, M. Augustine Mrema. Cette perquisition faisait suite à une conférence de presse organisée par LEAT le 19 novembre, durant laquelle ses membres avaient appelé à la réalisation d'une enquête indépendante sur les événements de 1996, au travers d'une commission internationale d'enquête. Lire le rapport 2001 de la Fédération internationale des droits de l'homme : <www.fidh.org/lobs/rapport/2001/afriq2001f.pdf>.

Dans une présentation réalisée à Maputo, au Mozambique, du 13 au 17 janvier 2003, le LEAT fournit de nombreuses preuves relatives aux impacts sociaux, environnementaux et économiques sur le gisement d'or de Bulyanhulu. Leurs conclusions : « L'investissement trône comme un monument au pillage des ressources naturelles des pays pauvres comme la Tanzanie, aux mains des corporations multinationales des pays industrialisés et riches du Nord, à l'appauvrissement et à la marginalisation conséquente des communautés, surtout rurales, des régions minérales riches de la Tanzanie et autres endroits. Il est le témoignage vivant du principe qui dit que, lorsque les intérêts corporatifs multinationaux sont en jeu, les notions de loi, de bonne gestion et de respect des droits de l'homme ont une importance secondaire et peuvent être mises de côté si nécessaire. Ceci est la preuve que la Banque mondiale œuvre presque toujours à l'encontre des intérêts de la plupart des groupes pauvres et marginalisés de la société. »

19. « Barrick Gold Reserves Rise 40 % at Bulyanhulu », *art. cit.*

20. Brian Hutchinson, « Barrick's African Tribulations », *National Post*, 29 décembre 2001.

21. Paul Adams, « Ashanti Puts the Gold Back into the Gold Coast », *Financial Times*, 15 avril 1994.

22. Muriel Devey, « L'industrie minière en Afrique subsaharienne », *Marchés tropicaux*, 5 décembre 1997, p. 2653-2676.

23. Additif au « Rapport du groupe d'experts sur l'exploitation illégale des ressources naturelles et autres richesses de la République démocratique du Congo », Conseil de sécurité des Nations unies, document S/2001/1072, 13 novembre 2001.

24. Ram Etwareea/InfoSud, « Nouvelle ruée vers l'or », *L'Écho magazine*, 23 mai 1996.

25. *Jeune Afrique économie*, 17 juin 1996, n° 220, p. 33.

26. *Ibid.*

27. Tilo Grätz, « Gold Trading Networks and the Creation of Trust : a case study from northern Bénin », *Africa*, n° 74 (2), 2004.

28. Marcel Colla et Georges Dallemagne, « Commission d'enquête parlementaire chargée d'enquêter sur l'exploitation et le commerce légaux et illégaux de richesses naturelles dans la région des Grands Lacs au vu de la situation conflictuelle actuelle et de l'implication de la Belgique », Sénat de Belgique, 20 février 2003. Aussi pour les citations suivantes.

29. « Rapport de la Commission des experts nationaux sur le pillage et l'exploitation illégale des ressources naturelles et autres richesses de la RDC », Conseil de sécurité des Nations unies, octobre 2001.

30. La Constitution de 2005 (article 2) prévoit le redécoupage des onze régions de la RDC en vingt-six provinces : l'Ituri, qui fait actuellement partie de la province orientale, devient une province à part entière avec Bunia pour chef-lieu.

31. Lire Colette Braeckman, *Les Nouveaux Prédateurs. Politique des puissances en Afrique centrale*, Fayard, 2003, et « Guerre sans vainqueurs en République démocratique du Congo », *Le Monde diplomatique*, avril 2001.

32. Les rivalités internationales pour le contrôle de ces gisements dans un contexte de guerre froide a inspiré au polémiste suisse Jean Ziegler un roman : *L'Or du Maniéma*, Seuil, 1996.

33. Additif au « Rapport du groupe d'experts sur l'exploitation illégale des ressources naturelles et autres richesses de la RDC », Conseil de sécurité des Nations unies, document S/2001/1072, 13 novembre 2001.

34. *Ibid.*

35. Lire Mwayila Tshiyembé, « Transition à hauts risques au Congo-Zaïre », *Le Monde diplomatique*, juillet 2003.

36. Stefano Liberti, « L'ex-Zaïre en proie au pillage », *Le Monde diplomatique*, décembre 2005.

37. « Selon le "Rapport du Panel des Nations unies sur l'exploitation illégale des ressources minières de la RDC", le Rwanda et l'Ouganda bénéficient d'un soutien financier quasi inconditionnel tant pour l'accès au programme d'ajustement structurel que pour l'aide budgétaire, l'aide à la balance de paiement et la remise de la dette. Il va sans dire que l'accès à ce programme structurel conditionne également un nombre important de flux d'aide et entraîne quasi automatiquement l'appui financier d'autres institutions au plan tant multilatéral que bilatéral. La Commission des experts nationaux considère que cette générosité de la part des institutions de Bretton Woods offre de larges possibilités de manœuvre pour le financement d'une partie des dépenses militaires à travers l'aide budgétaire et l'aide de la balance de paiement. Moralement la Banque mondiale et le FMI ne devraient pas accorder leur soutien financier aux pays qui font la guerre et qui exploitent illégalement les richesses d'un autre pays. »

IV. Commerces de l'or africain

1. <www.hrw.org/french/reports/2005/drc0505/drc0505frtext.pdf>.

2. Basé à Neuchâtel, Metalor Technologies SA était jusqu'en mai 2005 le principal importateur d'or ougandais pour la Suisse. Le groupe fait peu parler de lui, même s'il représente l'un des plus anciens fabricants de produits pour le marché aurifère international. Comme le signale la direction, le groupe Metalor possède des filiales dans quinze pays à travers le monde, principalement en Europe, en Asie et aux États-Unis. Les activités du groupe se concentrent sur l'évaluation et l'affinage des métaux précieux, les alliages de métaux précieux pour l'industrie suisse de l'horlogerie de luxe, l'électronique et les semi-conducteurs. « Metalor fait partie des raffineurs les plus importants du monde de l'or et des autres métaux précieux. En 2003, les ventes nettes de la compagnie ont atteint 225 millions de dollars », commente HRW.

3. Règles rappelées sur le site Internet de Metalor : <www.metalor.com/fr/ethics-policy.asp>.

4. On constate ensuite une moyenne de 56 millions entre 2000 et 2004.

5. HRW signale que de nombreux rapports publics sur la situation en Ituri et les abus contre les droits humains commis par des groupes armés étaient disponibles. Pour les articles publiés par des journaux suisses : « Or : la descente aux enfers », *L'Hebdo*, 29 juillet 1999 ; David Haeberli, « Justice : la Suisse bloque 13 millions de dollars issus d'un trafic de minerai congolais », *Le Temps*, 30 novembre 2002 ; Alexis Masciarelli, « Après le départ de l'armée ougandaise, les massacres interethniques reprennent à Bunia », *Le Temps*, 12 mai 2003 ; « Les vraies causes des guerres civiles : Misère ethnique ? non, économique », *L'Hebdo*, 19 juin 2003 ; « La CPI s'intéressera tout d'abord au Congo. Deux priorités pour le procureur de la CPI : l'Ituri et le business de la guerre », *La Tribune de Genève*, 17 juillet 2003. HRW pointe cette réalité dans ses rapports de mars 2001, octobre 2002 et juillet 2003 ; de même Amnesty International, octobre 2003 ; International Crisis Group, juin 2003 ; Conseil de sécurité des Nations unies, juillet 2004, entre autres.

6. « Selon les statistiques ougandaises du commerce, les exportations à destination de la Suisse sont passées de 29 millions de

dollars pour l'année 1999 à 99 millions en 2000. Bien que les échanges aient diminué jusqu'à atteindre 70,6 puis 69 millions pour les deux années suivantes, ils restent considérablement plus importants que pendant les deux années qui ont précédé le début de la guerre en RDC. Selon les chiffres du commerce ougandais en 2002, la Suisse était le plus important partenaire commercial de l'Ouganda, recevant plus de 69 millions de dollars de biens. Il est très probable qu'un fort pourcentage des échanges entre l'Ouganda et la Suisse concerne l'or. ». HRW, *Le Fléau de l'or*, *op. cit.*

7. « La relation entre les commerçants de l'Ituri et de Kampala est entretenue par quelques dizaines seulement de Congolais, qui peuvent rassembler des quantités suffisantes d'or pour organiser tous les dix jours un transport d'or de l'Ituri à Kampala. Le Groupe d'experts a pu examiner la documentation ayant trait à la plupart de ces exportations d'or. Tous les dix jours, Kisoni Kambale, mentionné dans les rapports précédents publiés par le Groupe d'experts pour avoir violé plusieurs fois l'embargo en relation avec les FNI, exporte 50 kilogrammes d'or ; il est, de loin, le premier marchand d'or de l'Ituri. Ozia Mazio est le deuxième : il exporte environ 15 à 20 kilogrammes d'or tous les dix jours. Selon le ministère des Mines de la RDC, ni Kisoni ni Ozia ne sont autorisés à exporter de l'or » « Rapport du Groupe d'experts sur la République démocratique du Congo », Conseil de sécurité de Nations unies, document S/2005/436, 26 juillet 2005.

8. *Ibid.*

9. Metalor a depuis été revendu à des investisseurs privés, américains notamment. Metalor a gardé des liens avec les grandes banques : l'UBS (qui a fusionné avec SBS en 1999) détenait encore 15 % des capitaux en 2004. La firme de raffinage a aussi conservé de « grosses huiles » suisses dans sa direction : Urs Rinderknecht, par exemple, directeur général de l'UBS.

10. Les conseils de Micheloud & Cie sont aussi sur Internet : <www.swiss-bank-accounts.com/f/banque/general/or.html>.

11. Le processus de Kimberley – du nom de la ville sud-africaine où il fut établi en janvier 2003 – est un régime international de certification des diamants visant à accroître le contrôle du commerce pour prévenir l'entrée des « diamants de guerre » (produits sur les zones de conflits et permettant de financer ces

derniers) sur les marchés légitimes ; il compte à ce jour plus de 70 pays signataires. Lire *infra*, chap. VI, p. 154.

12. Gilles Labarthe, « Les ports francs, base offshore au cœur de l'Europe », DATAS, 6 juillet 2006.

13. Rachad Armanios, « Berne priée d'enquêter sur l'achat d'or sale congolais », InfoSud, 13 septembre 2005.

14. « Rapport du groupe d'experts sur la République démocratique du Congo », *op. cit.*

15. Argor-Heraeus, « Communiqué concernant le rapport édité par le groupe d'experts de l'"UN Security Council on the Democratic Republic of Congo" du 26 juillet 2005 », 14 septembre 2005, disponible sur <www.argor.com>.

16. « Rapport du groupe des experts sur la RDC », Conseil de sécurité des Nations unies, document S/2006/53, 27 janvier 2006 ; lire notamment les paragraphes 110 à 113.

17. « Communiqué de presse de Argor-Heraeus SA concernant le rapport de l'ONU du 27 janvier 2006 », 18 février 2006, disponible sur <www.argor.com>. Argor-Heraeus déclarait ne pas avoir violé la résolution 1596 sur la RDC adoptée par le Conseil de sécurité de l'ONU en avril 2005. La société déclarait avoir déjà cessé le 3 juin 2005 d'accepter des minerais de la région, soit trois semaines avant que le Conseil fédéral n'applique par voie d'ordonnance la résolution des Nations unies. Argor-Heraeus affirmait enfin avoir vérifié l'origine du précieux métal. Lire « République démocratique du Congo : L'ONU accuse de trafic illégal une raffinerie d'or suisse », *ATS*, 19 février 2006.

18. « Switzerland : Increased Gold Demand from Small Investors since US Terror Attacks », *EnviroLink Service*, 18 novembre 2001.

19. Sandra Bott, Sébastien Guex et Bouda Etemad, *Les Relations économiques entre la Suisse et l'Afrique du Sud durant l'apartheid (1945-1990)*, Antipodes, Lausanne, 2005.

20. Depuis la fin de l'apartheid, le circuit connaît des ratés. Le 8 juillet 1994, la République d'Afrique du Sud avait requis l'aide judiciaire de Berne pour une affaire concernant sept tonnes d'or volé. Une bonne partie du butin était parvenu en Suisse, chez Metalor. Une enquête préliminaire pour blanchiment d'argent sale avait été ouverte par un juge d'instruction neuchâtelois. Un an plus

tard, une deuxième requête, en date du 9 novembre 1995, est adressée à Berne, concernant d'autres transports d'or en Suisse. Une armada de recours et la lenteur de l'administration fédérale avaient réussi à endormir l'affaire. Comme le précisait la mise au point du Conseil fédéral le 14 janvier 1998 (plus de trois ans après les faits) : « La demande d'entraide émanant de l'Afrique du Sud a été exécutée par les autorités suisses en décembre 1996, après que les recours formés par la société neuchâteloise d'affinage de métaux Metalor SA et deux banques privées genevoises aient été rejetés par le Tribunal fédéral le 1er novembre 1996. Ce cas portait sur plusieurs tonnes d'or volées en Afrique du Sud et qui étaient destinées à être refondues chez Metalor. L'or volé dans des mines avait, selon la justice sud-africaine, quitté le pays secrètement, avant tout à destination de la Suisse et de la Grande-Bretagne. La procédure d'entraide a été ralentie par le dépôt de nombreux recours. » En fin de course, « le juge d'instruction neuchâtelois chargé de l'exécution des demandes d'entraide judiciaires n'a trouvé aucun élément permettant de mettre en cause la société Metalor dans ces opérations illicites sur l'or volé en Afrique du Sud ».

21. Sandra Bott, Sébastien Guex et Bouda Etemad, *Les Relations économiques entre la Suisse et l'Afrique du Sud…*, *op. cit.*, p. 348.

22. Marc Roche, « L'Anglo-American redevient le numéro un mondial de l'or », *Le Monde*, 27 novembre 1997

23. « Le groupe minier diversifié n° 2 mondial Anglo-American a vu son bénéfice annuel progresser fortement en 2005, de + 39 %, pour atteindre le niveau record de 3,7 millions de dollars (sans prendre en compte les cessions d'actifs importantes opérées pendant l'année). Son chiffre d'affaires s'est établi à 34,5 millions de dollars, en hausse annuelle de 8 %. » (*La Tribune*, 23 février 2006.)

24. Keith Harmon Snow et David Barouski, « Behind the Numbers : Untold Suffering in the Congo », *Z Magazine*, 1er mars 2006. Sur le parcours étonnant de certaines personnalités aux fonctions multiples dirigeant Anglo-American, on consultera avec intérêt le site Internet de l'ONG Corporate Watch, <www.corporatewatch.org.uk>.

25. François Misser et Olivier Vallée, « Des matières premières toujours convoitées. Les nouveaux acteurs du secteur minier africain », *Le Monde diplomatique*, mai 1998.

26. Lire Asad Ismi, « The Ravaging of Africa : western neocolonialism fuels wars, plundering of resources », *Canadian Centre for Policy Alternatives Monitor*, octobre 2002.

27. <www.sfc.fr/donnees/metaux/au/texau.htm>.

28. Gilles Labarthe et Marc Trezzini, « Exploitations d'or et d'uranium : un couple ravageur », DATAS, 5 janvier 2007.

V. La part de la Françafrique

1. Lire René Dumont, *L'Afrique noire est mal partie*, Seuil, 1962.

2. Raymond Furon, *Les Ressources minérales d'Afrique*, Payot, 1961, p. 49. On comparera cet ouvrage avec une autre recension : William Postel *The Mineral Ressources of Africa*, University of Pennsylvania, 1943. Pour ne pas surcharger le texte principal, une grande partie des précisions historiques et des citations liées à ce chapitre sont renvoyées sous forme de notes en fin d'ouvrage.

3. Jules Lepidi, *L'Or*, *op. cit.*, p. 13. Ces mêmes explorateurs « revinrent avec leurs navires chargés d'or, ce que voyant les habitants de Rouen ne voulurent point les laisser profiter seuls de cette bonne fortune » (Louis Laurent, *L'Or dans les colonies françaises. Historique - Gisements - procédés d'extraction - Commerce*, Challamel, 1902, p. 45).

4. *Ibid.*, p. 12.

5. Raymond Furon, *Les Ressources minérales d'Afrique*, *op. cit.*, p. 69.

6. Louis Laurent, *L'Or dans les colonies françaises*, *op. cit.*, p. 46.

7. Jacques et Jean-Pierre Lenormand, *L'Or et le diamant en France métropolitaine et dans l'Union française*, SEF, 1951, p. 208.

8. Ibid., p. 223.

9. Raymond Furon, *Les Ressources minérales d'Afrique*, *op. cit.*, p. 70.

10. Jacques et Jean-Pierre Lenormand, *L'Or et le diamant*..., *op. cit.*, p. 129.

11. J.-M. Bel, chargé de mission du ministère de l'Instruction publique, donne ainsi à Liège le 10 mai 1908 une conférence intitulée « Richesses minérales du Congo français ».

12. Louis Laurent, *L'Or dans les colonies françaises*, *op. cit.*, p. 51.

13. Raymond Decary et Alfred Lacroix, *Les Gisements d'or dans les colonies françaises*, Challamel, 1918, p. 3.

14. « Ainsi, pour 1947, par exemple, l'administration récupérera péniblement 47 kilos, mais on cite une production réelle et clandestine de 3 000 kilos. » Jacques et Jean-Pierre Lenormand, *L'Or et le diamant…*, *op. cit.*, p. 218.

15. Raymond Decary et Alfred Lacroix, *Les Gisements d'or…*, *op. cit.*, p. 4. « Ce n'est que vers 1917-1918 que le commerce et la circulation de l'or en A-OF furent réglementés. Jusqu'à cette époque, l'extraction n'était soumise à aucun contrôle, aussi était-il très difficile d'estimer la production indigène. Ce n'est qu'à l'occasion de sa circulation entre des mains européennes ou de son exportation vers la France que l'or devenait objet de statistique douanière. Mais on ignorait totalement toutes les quantités sortant en fraude par les frontières des pays étrangers limitrophes. » Les mesures de déclaration obligatoire qui rentrent en vigueur dès 1917 sont jugées illusoires. « Ce que l'on sait de façon certaine, c'est qu'il faut majorer fortement les chiffres officiels de production et d'exportation. » (Jacques et Jean-Pierre Lenormand, *L'Or et le diamant…*, *op. cit.*, p. 126 ; aussi pour les citations suivantes.)

16. « L'exploration géologique en pays neufs », rapport du bureau de l'Association française pour l'avancement des sciences, Paris, 1924.

17. « Longtemps les ingénieurs et géologues belges furent peu sollicités par les sociétés s'occupant de recherches minières au Congo, sans qu'on en saisisse bien le motif. Par un aveuglement bizarre, une confiance extrême fut accordée à des Anglo-Saxons, engagés pour une série de missions importantes, alors que la plupart des membres de ce personnel étranger n'avaient aucune formation scientifique. » Stratégiques et faisant aujourd'hui encore l'objet de concurrences entre compagnies minières belges, françaises et anglo-saxonnes, les mines de Kilo-Moto sont décrites dans plusieurs rapports, dont R. Antoine, « Sur la composition de l'or non affiné des mines de Kilo-Moto (Congo Belge) », *Annales de la Société de Géologie de Belgique*, 1922.

18. Lire Marcel Labordère, *Tableau de la production, des importations et des exportations d'or en 1932*, Paris, 1934, p. 22.

19. « Avant la guerre de 1939, la plus grande partie de la production aurifère était d'origine indigène. » (Jacques et Jean-Pierre Lenormand, *L'Or et le diamant…*, *op. cit.*, p. 123.)

20. L. V. A. Jacquemin, « Le problème de l'or. L'or aux colonies françaises. Une richesse nationale inexploitée », s. l. n. d. « L'or, mot magique, vieux comme le monde, et qui excite toujours les mêmes convoitises ! Pour sa possession, les peuples se battent ; pour la suprématie qu'il donne, chacun est prêt à faire tous les sacrifices, même celui de la vie ! Mais […] l'or est *surtout* le grand régulateur des échanges. C'est *l'étalon monétaire dans le monde entier*. Qu'on le veuille ou non, *on est soumis à sa loi*. De tous les métaux, de toutes les marchandises, c'est l'or *seul* qui n'a pas varié de prix. Des ruines immenses ont été enregistrées au cours des dernières années : le cuivre, l'étain, le plomb, le zinc, l'argent, l'antimoine, etc. ont perdu de 50 à 80 % de leur valeur. […] Seul le métal OR est resté inébranlable. Et même il faut ajouter ce cri d'alarme, car la situation devient délicate : "On ne produit plus assez d'OR" voilà ce qui ressort des statistiques ! » Jacquemin signale déjà à cette époque l'importance stratégique et cruciale de l'or après l'abandon de l'étalon monétaire « argent », le fait aussi que la bijouterie, « grosse consommatrice de métal jaune », absorbe à l'époque 25 % de la production d'or annuelle, et enfin que les Indes anglaises thésaurisent à tel point le métal précieux que l'or disponible acheté disparaît de la circulation. « Comment se fait-il que – alors que le prix du gramme d'or est immuable, qu'une entreprise aurifère bien menée, bien conduite, est assurée, sans contredit, de recueillir des bénéfices certains – personne au monde ne se soit préoccupé depuis dix ans de concentrer son intelligence et ses forces à l'extraction du seul métal dont le marché ne donne aucun déboire ?… […] À quoi servent les grands consortiums financiers, puisque, malgré les moyens énormes dont ils disposent, ils n'ont pas engagé leurs capitaux innombrables dans une voie qui devait leur assurer la fortune, et cela à coup sûr ? […] Il faut développer les centres aurifères "*connus*" et en développer de nouveaux. » Toujours plein d'emphase, Jacquemin insiste sur la Guyane française, « terre d'élection de vastes champs aurifères ».

21. « L'or, en certaines régions de l'A-OF, ayant été travaillé de tout temps par les indigènes, la France a reconnu leurs droits par des documents officiels ; le décret du 22 octobre 1924 décide que les lieutenants gouverneurs doivent fixer les périmètres dans lesquels les indigènes pourront continuer à exercer ce droit traditionnel. » Cette règle a été diversement adaptée selon les régions. (Jacques et Jean-Pierre Lenormand, *L'Or et le diamant…*, *op. cit.*, p. 23. Pour se donner une idée de la situation dans d'autres colonies, lire Jules Marchal, *Travail forcé pour le cuivre et pour l'or. L'Histoire du Congo, 1910-1945*, Paula Bellings, Borgloon, 1999.)

22. « Dès 1938, le Gabon […] devenait le premier producteur d'or d'A-ÉF. […] Pendant toute la guerre, le Gabon […] développa activement son industrie aurifère, ce qui permit de subvenir aux besoins des Forces françaises libres. » (Jacques et Jean-Pierre Lenormand, *L'Or et le diamant…*, *op. cit.*)

23. Il fallut attendre plus de dix ans avant que Paris prête attention aux indices de gisements découverts en A-ÉF en 1927 par les constructeurs de chemin de fer Congo-Océan. L'épopée de cette découverte, tout comme la lenteur de la métropole à accorder du crédit aux gisements gabonais, est relatée sous forme de roman : Michel Manot, *L'Aventure de l'or et du Congo-Océan*, Librairie Secrétan, 1950. L'or a en effet été découvert au Mayombé en 1927. La ruée française vers l'or donna naissance à une ville-champignon : Dolisie.

24. Jacques et Jean-Pierre Lenormand, *L'Or et le diamant…*, *op. cit.*, p. 167.

25. *Ibid.*, p. 146.

26. Après la Seconde Guerre mondiale, les Alliés s'efforcent de reconstruire au plus vite une stabilité monétaire. Se préparant à leur nouveau rôle de créanciers du monde (plan Marshall pour la reconstruction de l'Europe), les États-Unis détiennent à cette époque, à eux seuls, les trois-quarts du stock mondial d'or. Il est décidé que le métal jaune sert de dénominateur commun pour la parité des monnaies des pays membres. Le dollar devient la seule monnaie convertible en métal jaune et, de fait, la devise par excellence pour les réserves nationales – ce qui renforce encore l'hégémonie des États-Unis dans le monde. Dès ses débuts, la politique du FMI se heurte à de nombreux problèmes : statistiques nationales d'importation et d'exportation volontairement faussées par les autorités de nombreux États – dont la Suisse. Impossibilité d'évaluer de façon précise les quantités d'or sur le marché mondial, importance du marché noir, d'autant que la réglementation sur les prix des achats et des ventes d'or n'est pas applicable aux transactions entre agents privés, etc.

27. Lire Timothy Green, *Le Monde de l'or, op. cit.*, p. 144-147.

28. *Ibid.*, p. 181.

29. Extrait d'un discours de Charles de Gaulle lors d'une conférence de presse en 1965, cité *in ibid.*, p. 12.

30. Sur cette obsession de De Gaulle pour les réserves d'or et l'étalon-or, lire *ibid.*, p. 170-173.

31. *Ibid.*, p. 185-189 ; aussi pour les citations suivantes.

32. Parmi les nombreux ouvrages de François-Xavier Verschave sur le sujet, citons *La Françafrique. Le plus long scandale de la République*, Stock, 1998, et *Noir silence. Qui arrêtera la Françafrique ?* Les Arènes, 2000.

33. Jules Lepidi, *L'Or, op. cit.*, p. 40-41.

34. Comme il a été expliqué à Paris lors d'une séance au Sénat, le 17 décembre 2001.

35. *La Lettre du Continent*, 23 mars 2000, n° 349.

36. François-Xavier Verschave, *La Françafrique, op. cit.*, p. 212.

37. Selon les termes de M. Philippe Marini, rapporteur général, intervenant à Paris lors d'une séance au Sénat, le 17 décembre 2001.

38. L'analyse du budget du BRGM, qui dépassait le milliard de francs français dans les années 1980 (plus de 160 millions d'euros), a fait depuis l'objet de rapports présentés devant l'Assemblée nationale et le Sénat. On y apprend que la structure est restée très largement déficitaire jusque dans les années 2000, malgré de très fortes subventions de l'État. Il a été dégraissé depuis le milieu des années 1990. Son budget s'élevait encore à 539 millions de francs en 1999, dont 200 millions destinés à la recherche, pour un effectif de 880 personnes dont 530 ingénieurs et techniciens. Ses réserves restaient considérables, notamment depuis la revente d'actifs miniers. En 2001, il était question de « prélever sur les réserves de cet établissement 460 millions de francs pour les reverser au budget général de l'Etat », rappelle le Sénat. Le budget du BRGM, dont les tâches ont été réduites, est tombé à 74,66 millions d'euros en 2004.

39. Dans tous ces scandales, l'affaire Yanacocha reste la plus connue. La France aurait perdu un demi-milliard de dollars au moins à la suite de droits mal négociés. Des ingénieurs du BRGM, présents au Pérou depuis les années 1960, avaient en effet découvert en 1981 une mine d'or exceptionnelle dans le nord du pays, Yanacocha, qui allait se révéler très rentable (elle renfermerait 1 000 tonnes d'or, pour vingt ans de production). Afin de l'exploiter, le BRGM s'était associé avec les entreprises péruvienne Buenaventura et nord-américaine Newmont. Dans le cadre d'une restructuration de ses filiales d'exploitation à l'étranger et sous le gouvernement Mitterrand, le BRGM a regroupé en 1994 l'ensemble de ses actifs miniers dans une société de droit privé, La Source. Contraint de céder ses participations, le BRGM a lancé un appel d'offres et décidé de vendre la moitié de ses actions dans Yanacocha à sa firme australienne partenaire, Normandy Mining. Newmont et Buenaventura ont fait valoir un droit de préemption, confirmé par la justice péruvienne, et réussi à évincer le BRGM. L'affaire a été portée devant des tribunaux internationaux. Elle a aussi inspiré au polémiste Jean Montaldo un livre accusateur : *Main basse sur l'or de la France*, Albin Michel, 1998.

40. La soif de l'or apparaît dès l'Égypte antique, causant de nombreuses guerres dans les provinces africaines. Le Pharaon Djer mène des opérations militaires pour dominer la Nubie et y extraire les métaux précieux. Sous le Moyen-Empire, l'extraction s'intensifie. « On utilise à cet effet le travail forcé d'une main-d'œuvre déportée, composée de prisonniers de guerre, de condamnés politiques ou de droit commun. » Jules Lepidi, *L'Or*, *op. cit.*, p. 9.

41. Lire Timothy Green, *Le Monde de l'or*, *op. cit.*, p. 181.

42. « L'ambiguïté de la position française remonte au XIXe siècle, au traité de Berlin (26 février 1885), qui a déterminé les zones d'influence de treize puissances coloniales dans le bassin du Congo. Le traité devait, en particulier, départager les prétentions de la France et du Royaume-Uni. Réussissant à jouer de la rivalité entre les deux grandes puissances, le roi des Belges, Léopold II, avait réussi à se faire attribuer personnellement l'immense domaine du Congo, alors quasiment inexploré, mais d'une fabuleuse richesse. En contrepartie, la France avait obtenu l'attribution d'un vrai droit de préemption », qui pouvait l'amener en cas d'abandon du territoire par les Belges à en revendiquer la propriété. (Philippe Madelin, *L'Or des dictatures*, Fayard, 1993, p. 332 *sq.*) Le gouvernement français a ainsi longtemps épaulé, financièrement et militairement, avec les

États-Unis et la Belgique, le régime de Mobutu au Zaïre. Ce soutien lui permettait en contrepartie d'avoir accès à certaines richesses minières, dont l'or, les diamants ou le cobalt zaïrois. Certains gisements étaient exploités et gérés presque exclusivement par le clan Mobutu, comme un trésor privé : « L'exploitation de l'or fin ou du diamant n'a jamais été considérée comme une activité nationale, mais une activité au profit du seul Mobutu. » (Gilles Perrin, « Mobutu a mis le Zaïre à genoux », *La Vie*, 15 mai 1997.) Dans les dernières années de Mobutu avant sa chute en 1997, les trafics s'accélèrent. « Dans un contexte économique et politique de plus en plus dégradé, le pillage s'est doublé d'une intense activité criminelle : trafic d'or et blanchiment d'argent, faux-monnayage. » (François-Xavier Verschave, *La Françafrique*, *op. cit.*, p. 229.)

43. *Ibid.*, p. 17. L'activité d'agents français est aussi signalée sous le régime de Kabila père : François-Xavier Verschave, *Noir silence*, *op. cit.*, p. 129.

44. François-Xavier Verschave, *La Françafrique*, *op. cit.*, p. 143.

45. *Ibid.*, p. 81.

46. Francis Laloupo, « Comptoir colonial en péril », *Le Nouvel Afrique-Asie*, février 1997, cité *in* François-Xavier Verschave, *Noir silence*, *op. cit.*, p. 225 ; sur les activités d'Ange-Félix Patassé dans le « commerce » de l'or, lire *ibid.*, p. 226.

47. François-Xavier Verschave, *La Françafrique*, *op. cit.*, p. 203 ; lire aussi François-Xavier Verschave, *Noir silence*, *op. cit.*, p. 84-85.

48. *Ibid.*, p. 407.

49. Thierry Philippon, « Hénin au pays de l'or noir », *Le Nouvel Observateur*, 12-18 mai 2005.

50. Timothy Green, *Le Monde de l'or*, *op. cit.*, p. 180.

51. Philippe Madelin, *L'Or des dictatures*, *op. cit.*, p. 295 *sq.*

52. Plus d'un milliard de dollars « camouflés dans les banques helvétiques », selon les rumeurs, et une somme encore plus importante répartie dans d'autres pays. (Roger de Diesbach, « Les coffres vont-ils enfin s'ouvrir ? », *La Liberté*, septembre 1997.)

53. « Un chèque suisse de 3,9 millions pour le Mali », Associated Press, 20 septembre 1997.

54. Jean-Claude Buhrer, « La Suisse restitue au Mali des fonds détournés », *Le Monde*, 21 septembre 1997.

55. Lire *Billets d'Afrique*, octobre 1999, n° 74, et mai 2001, n° 92 ; « De l'or en barres. Un réseau de barbouzes plein de promesses », *Marianne*, 12 mars 2001, n° 203. On lira aussi avec intérêt les comptes rendus d'auditions du 6 avril 1999 au 4 mai 1999 d'une commission d'enquête de l'Assemblée nationale, interrogeant entre autres Nicolas Courcelle, dirigeant de la société Internationale de logistique et de sécurité (anciennement Groupe onze France), sur ses activités dans le mercenariat.

56. Pierre-Henri Bunel, *Mes services secrets. Souvenirs d'un agent de l'ombre*, Flammarion, 2001.

57. Élu de l'assemblée territoriale corse et ami de Charles Pasqua, Robert Feliciaggi est abattu à son retour de Paris le 10 mars 2006 sur le parking de l'aéroport d'Ajaccio.

58. François-Xavier Verschave, *Noir silence*, *op. cit.*, p. 471-472.

59. « L'aide française durant la période 1980-1990. Analyse effectuée à partir des évaluations géographiques menées dans 6 pays : Burkina Faso, Burundi, Gabon, Île Maurice, Togo, Zaïre », ministère de la Coopération, coll. « Rapports d'évaluation », 1994, p. 26 *sq.*

60. *Ibid.*, p. 121.

61. *Ibid.*, p. 118.

62. Muriel Devey, « L'industrie minière en Afrique subsaharienne », *Marchés tropicaux*, 5 décembre 1997, p. 2653-2676 pour les informations suivantes sur le BRGM.

63. Le BRGM a depuis été mis hors-jeu par le gouvernement sénégalais, au profit de multinationales anglo-saxonnes, dont la Sud-Africaine Randgold. C'est ce qu'explique sans détour un responsable de Randgold, M. Reynolds, qui voit un bel avenir pour sa compagnie au Sénégal : « Typiquement, nous opérons en établissant un contact avec une bonne compagnie locale, qui facilite ensuite l'accès à des gisements prometteurs. Voila comment cela a fonctionné au Sénégal : nous ne sommes arrivés que tardivement au Sénégal, la plupart des zones aurifères importantes étaient déjà en la possession du BRGM, mais ensuite le gouvernement du Sénégal les a récupérées. À un certain moment, le gouvernement a décidé de céder ses parts et une compagnie locale, la CSTTAO – notre partenaire local au Sénégal –, est venue nous voir et nous a demandé quelle concession nous voulions. Nous avons alors été libres de choisir ce que nous considérons comme la meilleure concession du pays.» (Rapport de Randgold : « Greatest Number Of Advanced Targets In Senegal », *Gold Mining Review Africa*, Issue 3, 2005.)

64. « Le secteur minier africain », *Marchés Tropicaux*, 31 mars 2000.

65. « Dans les mines d'or, la France était présente dans les années 1980, où elle a beaucoup recensé. Les études du BRGM restent une référence. Les *juniors* se vantent même d'avoir obtenus ses données. Mais depuis, la France n'a jamais transformé l'essai. L'École des mines, le BRGM se reconvertissent dans le conseil, ou sur des projets liés à l'eau. Le BRGM conseille par exemple le Congo-Brazzaville pour réintégrer le processus de Kimberley. » (Entretien réalisé par l'auteur en octobre 2006.)

66. Areva est l'un des leaders mondiaux de la production d'uranium naturel (6 000 tonnes par an, soit environ 15 % de la production minière mondiale). Le groupe dispose de réserves d'uranium au Niger, au Canada et au Kazakhstan. « Le savoir-faire acquis par Areva NC dans le domaine de l'uranium lui a également permis de diversifier ses activités dans la recherche et l'exploitation d'or, en particulier au Soudan, en Côte d'Ivoire, en Australie et en France », explique un communiqué du groupe. Filiale d'Areva, la Compagnie minière or SA, (Cominor) est une « société holding qui détient des participations dans trois sociétés productrices d'or en Afrique : Ariab Mining Company (AMC), Compagnie minière d'Afrique (CMA), Société des mines d'Ity (SMI). AMC exploite plusieurs gisements au Soudan, dans la région d'Hassaï, au nord-est de Khartoum. La production annuelle est d'environ 5 tonnes d'or. CMA a exploité le gisement d'Angovia, en Côte d'Ivoire, dans la région de Yamoussoukro, au nord d'Abidjan. La production annuelle était de l'ordre de 1,5 tonne d'or. La production s'est arrêtée à l'épuisement de réserves du gisement fin 2003. Les travaux de réaménagement se sont achevés en 2004. SMI exploite le gisement d'Ity en Côte d'Ivoire, au nord-ouest d'Abidjan. La production 2005 a été de 1,7 tonnes ».

67. Anne-Valérie Hoh et Barbara Vignaux, « L'Afrique n'est plus l'eldorado des entreprises françaises », *Le Monde Diplomatique*, février 2006.

68. En 1995, la SFI a approuvé un financement de 64,8 millions de dollars pour l'exploitation de la mine d'or de Sadiola au Mali (lire chap. II). La SFI a joué un rôle de catalyseur dans la mobilisation de financements de banques commerciales et d'institutions de développement bi- et multilatérales, dont l'Agence française de développement (AFD) et sa filiale PROPARCO. Le coût total du projet s'élève à 246,2 millions de dollars. Ses deux axes majeurs sont l'exploitation d'une mine d'or et la construction d'une usine et d'infrastructures, sous la responsabilité de la Société d'exploitation des mines d'or de Sadiola (SEMOS).

69. BAFD/OCDE, *Perspectives économiques en Afrique*, 2004. La hausse des tarifs d'électricité qui a immédiatement suivi a suscité une vaste polémique, et SAUR s'est fait remettre en place par le gouvernement malien. Comme le rappelle François-Xavier Verschave, « la France avait veillé au préalable à faire construire en amont du fleuve Sénégal, avec de l'aide publique au développement, le barrage de Manantali, qui fournit l'électricité de la mine. En 1989, au tournant des négociations préliminaires, l'Agence française de développement (alors Caisse centrale de coopération économique) a accordé un "prêt" de 150 millions de francs [23 millions d'euros] au dictateur Moussa Traoré, dont elle savait évidemment que c'était un panier percé ».

VI. Imposer la transparence

1. « Mines d'Afrique », dossier de *Marchés Tropicaux*, 21 septembre 2001, p. 1892.

2. « AngloGold développe et entretient d'excellentes relations avec le gouvernement du Mali : le directeur d'AngloGold, Bobby Godsell, a ainsi été nommé en février 2004 membre du Comité présidentiel pour l'investissement, chargé de conseiller le chef de l'État dans le secteur des affaires », informe Madani Diallo, business manager de la compagnie pour le Mali. (AngloGold Ashanti Country Report, 2004).

3. « Un litige fiscal, porté fin mai [2001] devant le Centre international de règlement des conflits liés aux investissements oppose ainsi le gouvernement malien à la Société d'exploitation des mines d'or de Sadiola ». (« Mines d'Afrique », *art. cit.*)

4. Communiqué du Conseil des ministres de la République du Mali, 23 avril 2003. Le communiqué précise : « La production d'or qui était de 26 tonnes environ en 2000 a atteint 51 tonnes en 2001 et 63,7 tonnes en 2002. Au regard de l'apport de l'or dans la balance commerciale, les revenus provenant de la vente de la production d'or des mines de Sadiola, Morila et Yatela ont été de l'ordre de 138 milliards de francs CFA [210 millions d'euros] en 2000, 300 milliards [457 M€] en 2001 et 382 milliards [582 M€] en 2002. Pour les finances publiques, les versements effectués au titre des divers taxes et impôts par les mines d'or de Syama, Sadiola, Morila et Yatela de 1995 au 30 novembre 2002 s'élèvent à près de 190 milliards de francs CFA [290 M€]. »

5. « L'exploitation minière de l'or et les droits de l'homme au Mali », FIDH, 28 février 2007, <www.fidh.org/IMG/pdf/Mali_mines_final.pdf> ; aussi pour les citations suivantes.

6. Lire *supra*, chap. I, p. 41.

7. « L'exploitation minière de l'or et les droits de l'homme au Mali », *op. cit.* Les détenus ont finalement été remis en liberté en novembre 2006, après 14 mois de prison.

8. « L'aide française au Mali : 1980-1992. Rapport des experts », ministère de la Coopération, coll. « Rapports d'évaluation », 1994, p. 47.

9. *Ibid.*, p. 56.

10. Le bilan inquiétant de ces premières années d'exploitation à Sadiola est rappelé dans une campagne des ONG Agir ici, AITEC et CRID en partenariat avec Les Amis de la Terre, Greenpeace et le Réseau action climat, qui demande à la Banque mondiale de cesser de financer tout projet en cas de désaccord des populations concernées ou dans les zones sensibles. Il lui est aussi demandé de reconnaître sa responsabilité pour les dommages infligés, de procéder à des réparations et de rediriger ses financements vers les énergies renouvelables et en faveur des populations les plus pauvres.

11. Les Amis de la Terre et le GRDR ont notamment écrit à la SFI en novembre 2002, dénonçant le fait que les populations de Sadiola sont insuffisamment informées de l'impact environnemental de l'exploitation. Ils ont obtenu une réponse en janvier 2003, évoquant une rencontre de la SEMOS avec les populations locales.

12. Jean Ziegler, *Les Nouveaux Maîtres du monde, et ceux qui leur résistent*, Fayard, 2002.

13. Voir en annexe, p. 169 l'« Appel de l'Association des ressortissants de Kenieba ».

14. Créée en mars 2002, l'association Sherpa (<http://association.sherpa.free.fr>) est présidée par l'avocat français William Bourdon, ancien secrétaire général de la Fédération internationale des droits de l'homme. « Cette association, qui rassemble des juristes européens, vise à mobiliser des savoir-faire pour lancer des procédures à l'encontre de multinationales ne respectant pas les conventions internationales comme celles de l'Organisation internationale du travail dans leurs filiales à l'étranger. Objectif : faire condamner les entreprises qui profitent des législations laxistes en termes sociaux et environnementaux dans les pays en voie de développement. [...] Deux affaires ont déjà fait parler de l'association. La première concerne une exploitation forestière au Cameroun d'une filiale du groupe français Rougier, l'un des leaders mondiaux de la filière bois. Des villageois camerounais accusent la société d'exploitation illégale de forêts sur des concessions qui ne lui ont pas été attribuées. L'association Les Amis de la Terre s'est portée partie civile et la plainte a été déposée grâce à l'association Sherpa. La seconde affaire [...] concerne la présence de TotalFinaElf en Birmanie. L'avocat a en effet été mandaté par deux ouvriers birmans pour déposer une plainte contre le groupe pétrolier pour séquestration, ce qui constitue un crime en droit français. La plainte vise notamment MM. Thierry Desmarest et Hervé Madeo, l'ancien patron de TotalFinaElf en Birmanie. » (Marc Brossard, « Une association de juristes pour défendre les victimes des multinationales », <www.novethic.fr>, 9 septembre 2002.

15. « Oxfam Calls on Mali and Gold Mining Companies to Open their Books », communiqué d'Oxfam-America, 1er février 2007.

16. « L'exploitation minière de l'or et les droits de l'homme au Mali », *op. cit.*

17. Sur cette exploitation africaine de l'or avant l'arrivée des Européens, lire Raymond Furon, *Les Ressources minérales d'Afrique*, Payot, 1961, p. 65 ; sur l'intérêt d'explorateurs français pour l'or du Bambouk, signalé dès 1698, lire p. 66-67. Dans le même ordre d'idées, Raymond Furon rappelle que « les mines de cuivre du Niger

fonctionnaient encore lors du passage d'Ibn Batouta, en 1354 ». L'essentiel de l'exploitation minière menée par des colons occidentaux ne commence qu'avec la toute fin du XIXe siècle.

18. John Hollaway, « L'extraction minière en Afrique. Toujours efficace, l'aide ? Pas forcément... », *Le Courrier ACP-UE*, juin-juillet 2000.

19. <www.publishwhatyoupay.org>

20. « Un regard sur l'ITIE », rapport de la campagne « Publiez ce que vous payez », <www.publishwhatyoupay.org/francais/pdf/pubs/eyeoneiti.pdf>.

21. *Quand le FMI fabrique la misère*, reportage de la BBC diffusé le 14 avril 2003 sur Canal+.

22. « Corruption, criminalité, insécurité et peine de mort en République de Guinée », *Le Dauphin*, n° 35, 10 avril 2003.

23. GAFI, « Rapport sur les typologies du blanchiment des capitaux », [1998-1999] 2002-2003, p. 24-25, <www.fatf-gafi.org/dataoecd/32/33/35396591.pdf>.

24. Pour le Maghreb, lire Abdellatif El-Aziz, « Démantèlement d'un réseau de trafic d'or. Les filières dorées », *Maroc-Hebdo*, août 2002.

25. « US Gold Refiner Metalor Charged in Laundering Case », Reuters, 8 janvier 2004.

26. Frédéric Delepierre, « De l'or dans un sac à dos », *Le Soir*, Bruxelles, 20 novembre 2002.

27. « Rapport de la commission d'enquête parlementaire chargée d'enquêter sur l'exploitation et le commerce légaux et illégaux de richesses naturelles dans la région des Grands Lacs au vu de la situation conflictuelle actuelle et de l'implication de la Belgique », intervention de Georges Dallemagne, Sénat de Belgique, 28 mars 2003, doc. 2-942.

28. Mentionnons Mines Alerte (Canada), Rights & Accountability in Development (RAID, Grande-Bretagne), Action contre l'impunité pour les droits humains (ACIDH, RDC) ou l'Association africaine de défense des droits humains (ASADHO, section Katanga).

29. « Rapport du groupe d'experts sur la République démocratique du Congo », Conseil de sécurité des Nations unies, document S/2005/436, 26 juillet 2005.

30. Council for Responsible Jewellery Practices : <www.responsible-jewellery.com> ; World Gold Council : <www.gold.org>.

31. Lire Ian Smillie, « Brillantes paroles, actions sans éclat : La responsabilité sociale des entreprises dans l'industrie du diamant », Partenariat Afrique Canada, juin 2003.

32. « Commission spéciale chargée de l'examen de la validité des conventions à caractère économique et financier conclues pendant les guerres de 1996-1997 et de 1998. Rapport des travaux », Assemblée nationale de la RDC, <www.congonline.com/documents/rapport_lutundula_pillage_2006.pdf>.

33. « RDC : Washington prend des sanctions contre le trafic d'or et d'armes », AFP, 31 mars 2007.

34. Lire en annexe, p. 175, « Question parlementaire et réponse du Conseil fédéral sur l'or issu du conflit en RDC », mars et mai 2006.

35. Créée au printemps 1999 sous le gouvernement de Lionel Jospin et sous l'impulsion du député socialiste Arnaud Montebourg, la Mission d'information parlementaire française contre le blanchiment a rendu un rapport incendiaire sur la Suisse et sur le fonctionnement désuet du MROS. Lire Gilles Labarthe, « La Suisse bloque à tous les niveaux », *Le Courrier*, Genève, 19 août 2004.

36. Gilles Labarthe, « Marché du diamant : et si on se taillait une bonne réputation ? », DATAS, 15 juin 2006

37. Le magot a toutefois dû être restitué fin 2005, sous pression des autorités de Berne et de Washington.

38. « Le blanchiment d'or foireux de Bazin "l'Africain" », *Libération*, 23 octobre 2004.

39. Robert Kroon, « Banks Oppose South African Request on Traffic and Money Laundering : Swiss help sought in smuggling case », *International Herald Tribune*, 23 août 1996.

40. Soit 16 000 euros le lingot d'un kilo (cours affiché le 12 avril 2007 par la Banque de France).

41. *Le Monde*, 18 mai 2002. Cité *in* Bolya, *Afrique, le maillon faible*, Le Serpent à plumes, 2002.

Annexes

Le rôle des banques dans la prédation des richesses minérales

1. *L'Envers de la dette. Criminalité politique et économique au Congo-Brazza et en Angola*, Agone, 2001.

2. Grâce aux « bonus » et pourcentages dans les paradis fiscaux, à la spéculation sur les cours du baril, sur les taux de change et les taux d'intérêt, aux productions offshore non déclarées, aux investissements et prestations surfacturés, à de prétendus défauts de qualité, à la prolifération des intermédiaires commerciaux, juridiques et financiers, etc.

3. Jean-Christophe Mitterrand, interview à *L'Autre Afrique*, 14 novembre 2001.

4. Interview à *Libération*, 6 mars 2001.

5. Interview au *Soir*, 7 juillet 2001.

6. Cotation de la solvabilité par les agences spécialisées, en partant de AAA pour le risque quasi nul.

7. Lire Ernest Backes et Denis Robert, *Révélation$*, Les Arènes, 2001.

8. Lire Jean de Maillard, *Un monde sans loi*, Les Arènes, 1998 ; et *Le marché fait sa loi*, Mille et une nuits, 2001.

Table des matières

Achevé d'imprimer en septembre 2007
sur les presses d'Horizon

pour le compte des éditions Agone
BP 70072, 13192 Marseille cedex 20

Diffusion-distribution en France
LES BELLES LETTRES
25, rue du Général-Leclerc, F-94270 Le Kremlin-Bicêtre
Fax 01 45 15 19 80

Diffusion-distribution en Suisse
ZOÉ
11, rue des Moraines, CH-1227 Carouge-Genève
Tél. (41) 22 309 36 00 — Fax (41) 22 309 36 03

Diffusion-distribution en Belgique
LA CARAVELLE
303, rue du Pré-aux-Oies, B-1130 Bruxelles
Tél. (32) 2 240 93 00 — Fax (32) 2 216 35 98

Diffusion-distribution au Québec
DIMÉDIA
539, bd Lebeau, Ville Saint-Laurent (Québec)
Canada H4N 1S2
Tél. (514) 336-3941 – Fax (514) 331-3916

Dépôt légal 4e trimestre 2007

Bibliothèque nationale de France